JN041293

バイオインフォマティクスシリーズ 1

バイオインフォマティクスのための 生命科学入門

浜田 道昭 監修

福永 津嵩
　　　　　共著
岩切 淳一

コロナ社

シリーズ刊行のことば

　現在の生命科学においては，シークエンサーや質量分析器に代表される計測機器の急速な進歩により，ゲノム，トランスクリプトーム，エピゲノム，プロテオーム，インタラクトーム，メタボロームなどの多種多様・大規模な分子レベルの「情報」が蓄積しています。これらの情報は生物ビッグデータ（あるいはオミクスデータ）と呼ばれ，このようなデータからいかにして新しい生命科学の発見をしていくかが非常に重要となっています。

　このような状況の中でその重要性を増しているのが，生命科学と情報科学を融合した学際分野である「バイオインフォマティクス」（生命情報科学，生物情報科学）です。バイオインフォマティクスは，DNA やタンパク質の配列などの，生物の配列情報をディジタル情報として捉え，コンピュータにより解析を行うことを目的として誕生しました。このような，生物の配列情報を解析するバイオインフォマティクスの一分野は「配列解析」と呼ばれます（これは本シリーズでも主要なテーマとなっています）。上述の計測機器の進歩とともに，バイオインフォマティクスはここ数十年で飛躍的に発展し，いまや配列解析にとどまらずに，トランスクリプトーム解析，メタボローム解析，プロテオーム解析，生物ネットワーク解析など多岐にわたってきています。また，必要な知識も，統計学，機械学習，物理学，化学，数学などの多くの分野にまたがっています。しかしながら，これらのバイオインフォマティクスの多岐にわたる分野を，教科書的・体系的に学ぶことができる成書シリーズは，国内外を見てもほとんどありません。

　そこで，大学生，大学院生，技術者，研究者などに，バイオインフォマティクスの各分野を体系的に学習することを可能とするための教科書を提供することを目的として本シリーズを企画しました。これを実現するために，バイオイン

フォマティクス分野の最前線で活躍をしている，若手・中堅の研究者に執筆を依頼しております。執筆者の方々には，バイオインフォマティクス研究の基盤となる理論やアルゴリズムを中心に，可能な限り厳密かつ自己完結的に解説を行うようにお願いしています。そのため，本シリーズは，大学などにおけるバイオインフォマティクスの講義の教科書として活用可能であるのみならず，読者が独学する場合にも最適な書籍になっていると確信しています。

　最後になりますが，本シリーズの企画の段階から辛抱強くサポートしてくださったコロナ社の皆様に御礼を申し上げます。本シリーズが，今後のバイオインフォマティクス研究さらには生命科学研究の一助となることを切に願います。

　2021 年 9 月

「バイオインフォマティクスシリーズ」監修者　浜田道昭

ま　え　が　き

　ゲノムデータをはじめとする生命科学ビッグデータが日常的に産出される現在，その情報解析を担うバイオインフォマティクスはいまや生命科学にとって必要不可欠な存在である。そのため，機械学習やアルゴリズムといった数理情報学的知識を持った技術者・研究者が，生命科学において今後いっそう重要な役割を果たしていくことは間違いない。ただし，ビッグデータ分析においてより適切なモデリングや解析を行うためには，対象となるデータ，つまり生命科学のデータについてある程度のドメイン知識を持っていることが重要となってくる。しかしながら，生命科学の分野は非常に広大であり標準的な教科書は頁数が多く，また，数理情報学分野の研究者にはなじみのない暗記的作業がどうしても必要となる。このため，数理情報学の研究者が生命科学の勉強をすることは容易なことではなく，この点が生命科学への参入障壁となっているといえるだろう。

　本書は「バイオインフォマティクスシリーズ」の第 1 巻として，数理情報学分野の学生・技術者・研究者を対象に，バイオインフォマティクスを行うために必要な生命科学の基礎について解説した教科書である。生命科学になじみのない読者は，本シリーズのほかの巻を読む前に本書を一読すると，ほかの巻が扱っている生命科学的な内容について理解が深まるだろう。なお，本シリーズのほかの巻が，バイオインフォマティクスのさまざまな問題の数理的背景を厳密に記述することを念頭に置いて執筆されているのに対し，本書には数式は一切出てこず，あくまで生命科学の教科書であるという違いがある。ただし，解説事項は生命科学データ解析において特に頻出する事項に絞って解説しており，生命科学になじみのない読者でもなるべく読みやすくコンパクトに必要事項を理解できるように試みた。そのため，いくつかの項目では最先端の研究内容も

含まれているが，逆に標準的な生命科学の教科書には当然記載されているような内容にもかかわらず，本書にはまったく記述がないというような事項も存在する。そのため本書では，発生学や神経科学など，生命科学における多くの重要な研究分野を紹介することはできなかった。また解析するデータによっては，本書では紹介しきれなかった内容についてもその分野の知識を必要とする可能性が十分にある。その際にはもちろん各分野の勉強をしなければならないが，本書の内容を十分に理解することは，より進んだ勉強をする上で大きな助けとなることだろう。

　本書は三つの章から構成されている。第1章では，生命現象を分子的な観点から捉える分子生物学のセントラルドグマについて解説する。特に，近年急速に進歩した技術である遺伝子配列決定技術を中心に，遺伝子配列ビッグデータがセントラルドグマの過程の解明に果たす役割を紹介する。第2章では，第1章で登場する生体分子が，実際に物理的にどのような構造をとるのか，そしてその構造がどのように生体的な機能と関係するのかについて，生物物理学的な観点を紹介する。第3章では，遺伝子配列決定技術の急速な進歩を受けて，分野が変容しつつある進化遺伝学と微生物学について，その基礎とバイオインフォマティクスの果たす役割について解説する。

　なお，大量の配列・数値データを扱うバイオインフォマティクスでは，生命現象を支えているそれぞれの生体分子がどのような大きさ・形をしているかを意識する機会が少ない。そのため，本書では生体分子の立体構造の図をできるだけ多く盛り込んだ。図説に出てくる PDBID は，生体分子の立体構造データベースである Protein Data Bank（PDB）の ID である。生体分子の立体構造に興味を持った読者には，自分で構造データを取得し，実際の構造を眺めてみることをお勧めしたい。また本書では，重要な科学的発見を行った研究者の氏名を多く紹介し，特にその研究者がノーベル賞を受賞されている場合，そのことも併せて紹介することとした。これは，本書で紹介している事象が非常に重要な知見であるとみなされていることを伝えるとともに，科学的知見の背後にはそれを発見した研究者が存在すること（すなわち，研究とは人間が行う行為

であること），そしてその流れのなかに自身の研究活動が連なることを認識する
ことが重要であると考えたためである。

　本書を出版するにあたり多くの方々にご協力を賜った。本シリーズの監修者
である早稲田大学の浜田道昭 教授には，構成の段階から数多くのコメントをい
ただいた。関西学院大学の藤博幸 教授には，草稿段階における多くの誤記や不
正確な点をご指摘いただいた。また，東京大学大学院生の山内駿 氏と今野直輝
氏にも，原稿の不十分な点を数多くご指摘いただいた。分子の構造や相互作用
については，量子科学技術研究開発機構の桜庭俊 博士にアドバイスをいただい
た。コロナ社には，著者の原稿執筆の遅れにも寛大にご配慮いただき，また執
筆に関して多くの助言をいただいた。ご協力いただいた方々に心よりの感謝を
申し述べさせていただきたい。本書を読んだことで，生命科学データ解析に挑
戦する数理情報学分野の技術者・研究者が一人でも増えるならば，著者の望外
の喜びとするところである。

　2022 年 6 月

福永津嵩
岩切淳一

目　　　次

1.　分子生物学のセントラルドグマとオミクスデータ

2.　生体分子の高次構造と分子間相互作用

3.　進化遺伝学・微生物学のためのバイオインフォマティクス

1 分子生物学のセントラルドグマとオミクスデータ

　生命現象の多くは，人間がまだその仕組みを理解できていないきわめて複雑な機構であるが，これらの仕組みはいずれも，タンパク質をはじめとする生体分子を基本要素として構成されている。研究対象とする生命現象にどのような分子がどのように関わっているのかを明らかにする，すなわち分子的な観点から生命を理解しようとする学問は**分子生物学**（molecular biology）と呼ばれ，DNAを中心とする遺伝の仕組みが理解された 20 世紀後半以降は生命科学の中心的な学問分野となった。また DNA 配列を決定する技術の革命的な進歩により，現在，DNA 配列データが爆発的に増大しており，その DNA 配列ビッグデータを情報科学的に解析するための**バイオインフォマティクス**（bioinformatics）は，もはや生命科学にとって必要不可欠な存在となっている。本章では，分子生物学において中心的な概念であるセントラルドグマを対象に，その生命科学的な機構およびバイオインフォマティクスの果たす役割について紹介する。

1.1　セントラルドグマの基礎

　生物は，われわれヒトのように複雑な生物から，細菌，出芽酵母，原生動物のような比較的単純な生物まで，膜（脂質二重膜）に囲まれた**細胞**（cell）と呼ばれる構造を基本単位として構成されている。なお，ヒトのように多数の細胞から構成される生物は多細胞生物と呼ばれ，細菌，出芽酵母，原生動物などの単一の細胞からなる生物は単細胞生物と呼ばれる。ヒトと細菌のように異なる生物間では，個体を構成している細胞は大きく異なっている。さらに，ほとん

どの多細胞生物では，同一個体内にもさまざまな組織・器官があり，それぞれが異なる特徴を持った細胞で構成されている。例えばヒトの場合，脳組織を構成する神経細胞と，筋組織を構成する筋細胞とではまったく役割が異なっている。これらの細胞のなかには，分裂して自身と同じ細胞の複製をつくって増殖する，という機能を持つ細胞が存在し，そのような細胞はすべての生物に存在している。

これら細胞を構成しているのは，おおよそ 70%が水であり，残りの 30%の多くは，**タンパク質** (protein)（15%）や **RNA** (ribonucleic acid)（6%），**DNA** (deoxyribonucleic acid)（1%），脂質（3%），糖質（3%）などの生体高分子が占めている。細胞が自身と同じ複製をつくって増殖する†，という機能を実現するためには，これら生体高分子の存在が必要不可欠である。本節では，これら生体高分子のなかでも，DNA，RNA，およびタンパク質の 3 種類の分子に焦点を当て，これら 3 種類の分子がどのような役割を担い，どのようにつくられるのかを概説する。特に，遺伝物質として同一の DNA 分子のコピーをつくる "複製"，DNA の持つ情報に基づいてさまざまな RNA やタンパク質がつくられる際の "転写"，および "翻訳" という三つの過程を中心に解説する。

1.1.1 DNA と 複 製

細胞が分裂して増殖する際，分裂後の細胞（娘細胞）は，分裂前の細胞（母細胞）と同じ形や性質（形質）を受け継いでいる。また，個体が交配することで子が生まれた場合，その子の個体は親個体とよく似た性質を持つ。このように親の形質が子に受け継がれる仕組みは，DNA と呼ばれる**核酸** (nucleic acid) の一種が重要な役割を担っており，特に生殖が伴う場合にはその仕組みは**遺伝** (heredity) と呼ばれる。DNA は，リン酸と五炭糖のデオキシリボース，そして**塩基** (base) の三つが結合した**ヌクレオチド** (nucleotide) を基本単位とし，複数のヌクレオチドが 1 本の糸のように連なった生体高分子である（**図 1.1**）。

---

† 1.4.1 項で紹介するように，細胞分裂においては必ずしも細胞が自身と同じ複製をつくるとは限らない（細胞分化や iPS 細胞の事例など）が，ここでは話を単純化している。

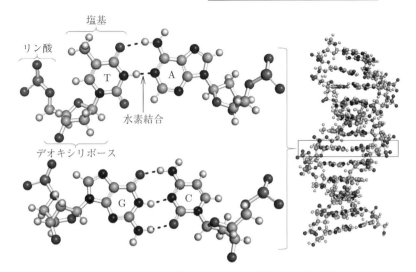

図 1.1　DNA の 4 種類のヌクレオチドが形成する塩基対と
二本鎖 DNA の二重らせん構造（PDBID；1D29）

　DNA は 4 種類のヌクレオチドから構成されており，4 種類すべてにおいて
リン酸と五炭糖が共通している。またヌクレオチド同士は，安定な**共有結合**
（covalent bond）によって 1 本の鎖状につながっている（**図 1.2**；この図では
例のためヌクレオチドが二つしか連結していないが，現実には非常に多くのヌ
クレオチドが連結している）。このとき，結合には方向性が存在し，五炭糖にお
ける炭素の位置に基づいて 5′ 側および 3′ 側と呼ばれる。また DNA 鎖の両端

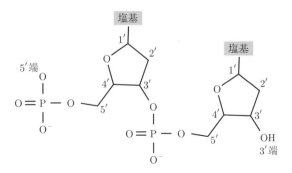

図 1.2　デオキシリボヌクレオチドの連結構造

は，その結合の方向性に基づいて，それぞれ 5′ 端および 3′ 端と呼ばれる。

　なお，塩基には A（アデニン），C（シトシン），G（グアニン），T（チミン）の 4 種類が存在する。そして，長い 1 本の DNA 分子のなかの 4 種類の塩基の出現順序を文字列として表現したものが DNA の塩基配列である（文字列の順序は 5′ → 3′ となっている）。すべての生物の細胞のなかには，遺伝物質として DNA が存在しているが，その DNA の保持の方式は細菌などの**原核生物**（prokaryote）と動物や植物などの**真核生物**（eukaryote）とでは異なっている。真核生物の細胞は真核細胞と呼ばれ，膜（核膜）で隔てられた区画である**核**（nucleus）にほとんどの DNA が存在している†。また，原核生物の細胞は原核細胞と呼ばれ，核のような膜で隔てられた区画がなく DNA やさまざまな分子が混在した状態で存在している。

　20 世紀になり，遺伝物質の正体が DNA であることが明らかになって以降，DNA による遺伝の仕組みを明らかにするために，多くの研究者が DNA の 3 次元構造（立体構造）を調べる研究の激しい競争を繰り広げた。DNA の立体構造解明のきっかけとなったのは，DNA 中の A と T の含有量が等しく，同様に C と G の含有量も等しいことがシャルガフ（Erwin Chargaff）によって発見されたことである。この性質は，**シャルガフの法則**と呼ばれている。さらに，フランクリン（Rosalind Franklin）によって，DNA がらせん状の構造であることが明らかにされた。その後，「シャルガフの法則を満たすようならせん構造」が 4 種類のヌクレオチドによってどのようにして実現されているのかを，1953 年にワトソン（James Watson）とクリック（Francis Crick）が分子模型を使った試行錯誤の末明らかにした。その DNA の立体構造とは，2 本の撚糸のような DNA の間で，A と T，C と G がたがいにペアとして結合することで形成される**二重らせん**（double helix）構造であった（図 1.1）。A と T は 2 本の**水素結合**（hydrogen bond），C と G は 3 本の水素結合でペアを形成しており，これらは**塩基対**（base–pair）またはワトソン–クリック塩基対と呼ばれる。このと

---

†　真核細胞の内部構造については，1.6.2 項で詳しく説明する。

き，1本の DNA の塩基の並びが決まると，A と T，C と G の塩基対の法則に従って，もう 1 本の DNA の塩基の並びも自動的に決まることになる。この性質は，DNA の塩基配列の**相補性**（complementarity）と呼ばれ，DNA 分子の**複製**（replication）を実現する基本原理として，すべての生物に共通している。2 本の DNA が塩基対により結合している状態は，**二本鎖 DNA**（double–stranded DNA），1 本ずつに分かれている状態は，**一本鎖 DNA**（single–stranded DNA）と呼ばれる。なお，ワトソンとクリック，そしてフランクリンの同僚であったウィルキンス（Maurice Wilkins）の 3 人は 1962 年にノーベル生理学・医学賞を受賞している†。

　細胞が二つに分裂する際，遺伝物質である DNA が正確に複製され，二つの細胞にその DNA が一つずつ分配されることで，母細胞の持つ遺伝情報が娘細胞に伝わる。この仕組みは，DNA の相補性と二重らせん構造に基づいて，つぎのように説明される。細胞分裂時には，まず一つの細胞のなかに存在している一つの二本鎖 DNA が二つの一本鎖 DNA に分かれる。そして，それぞれの一本鎖 DNA を鋳型として，相補的な DNA 鎖がそれぞれ 1 本ずつ新しく合成されることで，二つの二本鎖 DNA として複製される。この二つの二本鎖 DNA は塩基配列としてはまったく同じものとなっており，そしてこの二つの二本鎖 DNA が娘細胞にそれぞれ一つずつ分配される。この分配された二本鎖 DNA は，片方の鎖が母細胞にもともとあった DNA に由来しており，その相補鎖となるもう片方の鎖は新しく合成されたものである。このような DNA 複製の形式は半保存的複製と呼ばれている。

　DNA の複製は，DNA が単独で自律的に行うものではなく，鋳型となる一本鎖 DNA にさまざまなタンパク質が結合し，DNA の塩基対相補性の法則に従ってヌクレオチドを一つずつつなげることで，もう 1 本の相補的な DNA を合成

---

†　フランクリンは 1958 年に死去したため，ノーベル賞受賞はならなかった（ノーベル賞は故人には授与されない）。また DNA 二重らせん構造の解明は，フランクリンが取得した構造解明のための決定的なデータを，非正規な方法でワトソンとクリックが閲覧した上での解明であり，倫理的に大きな問題となった。

している†1。またこの際の DNA 複製は，5′ 方向から 3′ 方向にのみ合成が伸長していく。この DNA 合成において中心的な役割を果たすのが，DNA 依存性 DNA ポリメラーゼ（DNA を鋳型にしているので DNA 依存性）と呼ばれる複数のタンパク質から構成された巨大なタンパク質複合体である（たんに **DNA ポリメラーゼ**（DNA polymerase）と呼ばれることも多い）。ただし，DNA ポリメラーゼは一本鎖の DNA だけを素材として DNA 合成を開始することはできず，複製を開始する領域の 5′ 側に OH 基が提供されている必要があり，一般には 5′ 側が二本鎖領域となってその領域を基盤として複製が伸長していく†2。これらの起点は**プライマー**（primer）と呼ばれ，一般にはプライマーゼと呼ばれるタンパク質によって合成される。ただしプライマーゼによって合成される核酸配列は DNA ではなく RNA であり，最終的には複製が進む過程でその RNA プライマーは取り除かれ，もともと RNA プライマーが存在した領域にも相補鎖を組むよう DNA が合成される。

1.1.2 RNA と 転 写

DNA は，細胞間の遺伝情報伝達の仕組みである複製において根幹となる生体高分子である一方，同じ核酸に分類される RNA は，遺伝情報伝達において DNA とは異なる役割を持っている。RNA は，DNA 同様にリン酸，五炭糖のリボース，塩基の三つの要素で構成されるヌクレオチドを基本単位としており，4 種類のヌクレオチドが共有結合によって 1 本に連なった生体高分子である（**図 1.3**）。DNA との分子レベルでの違いは，RNA の五炭糖は DNA の五炭糖の 2′ 位（図 1.2）に OH 基が付加されたリボース（ribose）†3である点，および塩基の T

---

†1 DNA 複製とは異なるが，DNA ポリメラーゼの一種である TdT（terminal deoxynucleotidyl transferase）は，鋳型となる配列を用いずに，ランダムにヌクレオチドをつなげていくことでランダムな DNA 配列を合成する。TdT は免疫系の細胞に存在し，DNA 配列の多様性を高めることで免疫系が多様な物質に対抗するのを助ける働きを持つ。近年，TdT は人工的に DNA 配列を合成する際にも利用されている。

†2 アデノウイルスでは，pTP（precursor terminal protein）というタンパク質が OH 基を提供することでプライマーとしての役割を果たすことが知られている。

†3 DNA の五炭糖は，リボースの 2′ 位から OH 基が取り除かれた構造なので，DNA の名前が deoxy- で始まる。

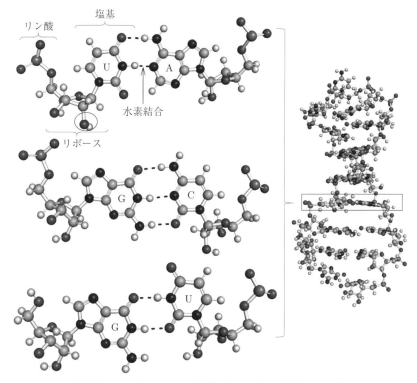

丸印は DNA と RNA の五炭糖の違いである 2′ 位の OH 基

図 1.3 RNA の 4 種類のヌクレオチドが形成する塩基対と
一本鎖 RNA の高次構造（PDBID；2LBJ）

（チミン）の代わりに U（ウラシル）が使われている点の 2 点である。そのた
め，RNA の塩基配列には T ではなく U が出現する。この 2 点のわずかな違い
が，DNA と RNA の分子の構造や安定性に大きな違いをもたらしており，例
えば RNA は DNA と比べて不安定で分解されやすいという性質を持っている。
また生体内では，RNA は DNA と比べて柔軟性に富んだ分子として，一本鎖
RNA の状態で存在することが多く，二重らせんに限らない複雑な立体構造を
形成することが可能である（RNA の高次構造については第 2 章で解説する）。
　RNA も DNA と同様に塩基対を形成することが可能であるが，T が U に代
わっているため，A と U（水素結合 2 本），G と C（水素結合 3 本）のワトソ

ン–クリック塩基対となる。また RNA では，ワトソン–クリック塩基対よりは弱いながらも，G と U のペアも塩基対を形成（水素結合 2 本）することが可能である。G–U 塩基対は**ゆらぎ塩基対**（wobble base-pair）とも呼ばれ，RNA の複雑な高次構造の形成において重要な役割を担う。

　RNA は，二本鎖 DNA の片方を鋳型にして，塩基対相補性の法則に従ってヌクレオチドを一つずつつなげていくことで合成される（**図 1.4**）。この RNA 合成は，DNA 依存性 RNA ポリメラーゼ（たんに **RNA ポリメラーゼ**（RNA polymerase）と呼ばれることも多い）と呼ばれるタンパク質複合体によって行われることが，1960 年にフルビッツ（Jerard Hurwitz），ワイス（Samuel Weiss）らによって発見された。DNA から RNA が合成される過程は，DNA の塩基の並びが RNA に写し取られることから**転写**（transcription）と呼ばれ，転写によってつくられる生体内の RNA は**転写産物**（transcript）とも呼ばれる。なお，転写された RNA は，塩基対の規則に基づいて合成されるため，二本鎖 DNA 中の鋳型として用いられた DNA 鎖とは相補的な配列になり，鋳型とならなかった DNA 鎖と同じ配列（T が U に置換されただけ）になる。そのため，RNA と同じ配列になっている鋳型とならなかった DNA 鎖のことを**センス鎖**（sense strand），鋳型として用いられた DNA 鎖のことを**アンチセンス鎖**（antisense strand）と呼ぶ（図 1.4）。なお転写においても，複製と同様に 5′ 方向から 3′ 方向にのみ合成が伸長していく。ただし，複製とは異なり転写開始時に OH 基を要求せず，よって，プライマーなしに一本鎖 DNA のみから RNA を合成することが可能である。

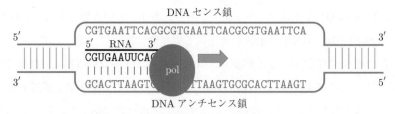

図 1.4　RNA ポリメラーゼ（pol）による DNA から RNA への転写

　DNA の複製では，DNA のすべてが鋳型として読み取られ，同じ長さの DNA が合成される[†1]。一方，DNA から RNA への転写は，長い DNA の一部分だけを鋳型として行われるため，さまざまな長さの RNA が必要に応じて転写されている。転写は，基本転写因子と呼ばれる複数のタンパク質と RNA ポリメラーゼから構成される転写開始前複合体が，**プロモーター**（promoter）と呼ばれる特徴的な塩基配列の DNA 領域に結合することで開始される。具体的なプロモーターの塩基配列としては，真核生物の場合，転写開始位置の数十塩基上流[†2]に TATA ボックスと呼ばれる TATAAA という塩基配列が存在していることが挙げられる。基本転写因子は，この TATA ボックスの認識や，二本鎖 DNA の一本鎖への変性など，RNA ポリメラーゼが転写を行うための準備を行う。転写が開始された後，RNA ポリメラーゼは鋳型となる DNA のアンチセンス鎖を 1 塩基ずつ読み取り，DNA の塩基が A ならば U，C ならば G，G ならば C，T ならば A，というように相補的なヌクレオチドを一つずつ連結していくことで一本鎖 RNA を合成していく。この転写の伸長は，ターミネーターと呼ばれる特定の塩基配列が RNA として転写され，合成された RNA 分子が RNA ポリメラーゼから解離することで終結する。この転写制御に関しては 1.4 節でより詳しく解説する。

　おもに遺伝物質としての役割を担う DNA とは異なり，細胞のなかではさまざまな種類の RNA が転写によって合成され，それら RNA 分子の細胞内での役割は非常に多岐にわたる（RNA の種類と機能については 1.5 節で解説する）。RNA 分子を大別すると，その RNA の塩基配列の情報に基づいてタンパク質が合成されるものと，RNA 分子のままの状態で細胞内で機能するのものの 2 種類に分類される。前者の RNA は，タンパク質の情報を運ぶ中間物質として，**メッセンジャー RNA**（messenger RNA；mRNA）と呼ばれる。後者の RNA

[†1]　正確には，真核生物のゲノムの複製では，通常の複製機構では DNA の両端の領域は複製することができない。そのため，ヒトの正常な細胞などでは，細胞分裂が起こるたびに末端が複製されず DNA が短くなっていく。

[†2]　塩基配列では，現在着目している位置より前（5′ 側）の領域を上流，後（3′ 側）の領域は下流と呼ぶ。

は，塩基配列のなかにタンパク質としての情報を埋め込まれていないため，**非コードRNA**（non-coding RNA；ncRNA）と呼ばれ，RNAのままさまざまな分子と協調しながら細胞のなかで機能を発揮する。

1.1.3　タンパク質と翻訳

　細胞内に存在する生体高分子のなかで最も数の多い分子であるタンパク質は，生物のなかでさまざまな機能を果たす中心的な分子である。例えばケラチンやコラーゲンといったタンパク質は細胞や組織の構造を支える機能を持ち，アミラーゼなどの酵素タンパク質は代謝（生体内での化学反応）を促進する役割を持つ。また，これまでに紹介したDNAポリメラーゼやRNAポリメラーゼは，複数のタンパク質から構成されているタンパク質複合体である。細胞や組織が生物学的にどのような機能を持つかということは，その細胞や組織のなかで実際に働いているタンパク質はなにであるのか，ということと密接な関係がある。

　タンパク質は，20種類の**アミノ酸**（amino acid）を基本単位とし，アミノ酸が1列につながった分子である。すべてのアミノ酸は，一つの炭素原子を中心に，アミノ基（$-NH_2$）・カルボキシ基（$-COOH$）・水素原子から構成される主鎖，そして各アミノ酸ごとに異なる性質を持つ側鎖（**表 1.1**）が共有結合している。隣り合うアミノ酸は，最初のアミノ酸のカルボキシ基とつぎのアミノ酸のアミノ基から水分子（H_2O）が離脱した後に共有結合を形成することで連結される（この結合はペプチド結合と呼ばれる）。複数のアミノ酸がペプチド結合によって1本につながったタンパク質は，最初のアミノ酸のアミノ基および最後のアミノ酸のカルボキシ基だけがもとの状態のまま残っており，これらの末端をそれぞれN末端，C末端と呼ぶ（**図 1.5**；この図では例のためアミノ酸が三つしか連結していないが，現実には多くのアミノ酸が連結して一つのタンパク質となっている）。

　タンパク質はN末端のアミノ酸から順に連結・合成され，またタンパク質のアミノ酸の並びも，N末端から始まりC末端で終わる一次元配列として文字列で表現され，この配列はアミノ酸配列と呼ばれる。このとき，一つのアミノ酸

表 **1.1** アミノ酸の性質

アミノ酸名	一文字表記	三文字表記	疎水性指標1)†	等電点	電　荷	芳香環
イソロイシン	I	Ile	4.5	6.0		
バリン	V	Val	4.2	6.0		
ロイシン	L	Leu	3.8	6.0		
フェニルアラニン	F	Phe	2.8	5.5		○
システイン	C	Cys	2.5	5.1		
メチオニン	M	Met	1.9	5.7		
アラニン	A	Ala	1.8	6.0		
グリシン	G	Gly	−0.4	6.0		
スレオニン	T	Thr	−0.7	6.2		
セリン	S	Ser	−0.8	5.7		
トリプトファン	W	Trp	−0.9	5.9		○
チロシン	Y	Tyr	−1.3	5.7		○
プロリン	P	Pro	−1.6	6.3		
ヒスチジン	H	His	−3.2	7.6		○
グルタミン酸	E	Glu	−3.5	3.2	−1（酸性）	
グルタミン	Q	Gln	−3.5	5.7		
アスパラギン酸	D	Asp	−3.5	2.8	−1（酸性）	
アスパラギン	N	Asn	−3.5	5.4		
リシン	K	Lys	−3.9	9.8	+1（塩基性）	
アルギニン	R	Arg	−4.5	10.8	+1（塩基性）	

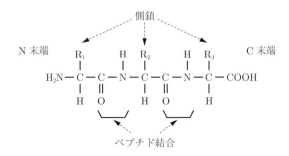

図 **1.5** アミノ酸配列の構造式

は一文字で表記される（文字列で表現する際は利用しないが，一つのアミノ酸を三文字で表記することもある）（表 1.1）。

　タンパク質を構成する 20 種類のアミノ酸がどのような順序で並んでいるのかは，1.1.2 項で述べた mRNA および mRNA が転写される前の DNA の塩基配

---

†　肩付き数字は巻末の引用・参考文献番号を示す。

列によって定められている。しかし，RNA を構成しているのはわずか 4 種類の塩基であるため，タンパク質を構成している 20 種類のアミノ酸に対して，1 塩基–1 アミノ酸という対応関係は成立しえない。そのため，RNA の塩基配列上で連続した 3 塩基が 1 種類のアミノ酸に対応しており，この連続した 3 塩基はコドン（codon）と呼ばれる。例えば，AUGCGGAGG という 9 塩基の RNA 配列に対応するアミノ酸配列は，最初の 3 塩基 AUG がメチオニン（M），つぎの 3 塩基 CGG がアルギニン（R），最後の 3 塩基 AGG もアルギニン（R）であり，MRR となる。連続した 3 塩基の組合せとして 64 種類のコドンが存在しており，一つのコドンは 1 種類のアミノ酸に対応している。しかしこの例のアルギニンのように，複数のコドン（CGG, AGG）が同一のアミノ酸に対応している場合もあり，アルギニンの場合には 6 種類のコドンが対応している。

この 64 種類のコドンとアミノ酸の対応関係をまとめたものは，**コドン表**（codon table）または**遺伝暗号表**と呼ばれ，ほぼすべての生物がこの対応関係に基づいて，タンパク質を合成している（**表 1.2**；この表は DNA におけるコドン表であり，RNA の場合は T を U に読み替える）[†1]。コドン表のなかで UAA，UAG，UGA の 3 種類はアミノ酸に対応しておらず，このコドンが現れたところでタンパク質の合成が終了する。そのため，これら 3 種類は**終止コドン**（stop codon）と呼ばれる。また，タンパク質の合成は**開始コドン**（start codon）から始まり，一般的には AUG が開始コドンとして用いられる[†2]。

なおこのとき，真核生物や原核生物のなかの古細菌と呼ばれるグループでは，コドン表に従ってメチオニンを N 末端としてアミノ酸の翻訳が始まるが，通常は翻訳後に N 末端のメチオニンは取り除かれる。また，原核生物のなかの真正

[†1] コドン表にはいくつかの例外が存在しており，例えば脊椎動物のミトコンドリアゲノムでは UGA は終止コドンではなくトリプトファンに対応している。また，出芽酵母のミトコンドリアゲノムでは CUU はロイシンではなくスレオニンに対応する。

[†2] 原核生物や細胞内小器官では，AUG 以外にも GUG や UUG が開始コドンとして使われることがある。また真核生物においても，AUG 以外の開始コドンから翻訳が開始する事例が近年多数発見されている。例えば特定のリピート配列が異常伸長した場合，AUG 以外の領域から翻訳が開始されることがあり，これは RAN（repeat-associated non-ATG）翻訳と呼ばれる。

表 1.2 コドン表

1文字目	2文字目 T	2文字目 C	2文字目 A	2文字目 G	3文字目
T	TTT Phe (F) フェニルアラニン	TCT Ser (S) セリン	TAT Tyr (Y) チロシン	TGT Cys (C) システイン	T
T	TTC Phe (F) フェニルアラニン	TCC Ser (S) セリン	TAC Tyr (Y) チロシン	TGC Cys (C) システイン	C
T	TTA Leu (L) ロイシン	TCA Ser (S) セリン	TAA STOP (終止)	TGA STOP (終止)	A
T	TTG Leu (L) ロイシン	TCG Ser (S) セリン	TAG STOP (終止)	TGG Trp (W) トリプトファン	G
C	CTT Leu (L) ロイシン	CCT Pro (P) プロリン	CAT His (H) ヒスチジン	CGT Arg (R) アルギニン	T
C	CTC Leu (L) ロイシン	CCC Pro (P) プロリン	CAC His (H) ヒスチジン	CGC Arg (R) アルギニン	C
C	CTA Leu (L) ロイシン	CCA Pro (P) プロリン	CAA Gln (Q) グリシン	CGA Arg (R) アルギニン	A
C	CTG Leu (L) ロイシン	CCG Pro (P) プロリン	CAG Gln (Q) グリシン	CGG Arg (R) アルギニン	G
A	ATT Ile (I) イソロイシン	ACT Thr (T) スレオニン	AAT Asn (N) アスパラギン	AGT Ser (S) セリン	T
A	ATC Ile (I) イソロイシン	ACC Thr (T) スレオニン	AAC Asn (N) アスパラギン	AGC Ser (S) セリン	C
A	ATA Ile (I) イソロイシン	ACA Thr (T) スレオニン	AAA Lys (K) リシン	AGA Arg (R) アルギニン	A
A	ATG Met (M) メチオニン (開始)	ACG Thr (T) スレオニン	AAG Lys (K) リシン	AGG Arg (R) アルギニン	G
G	GTT Val (V) バリン	GCT Ala (A) アラニン	GAT Asp (D) アスパラギン酸	GGT Gly (G) グリシン	T
G	GTC Val (V) バリン	GCC Ala (A) アラニン	GAC Asp (D) アスパラギン酸	GGC Gly (G) グリシン	C
G	GTA Val (V) バリン	GCA Ala (A) アラニン	GAA Glu (E) グルタミン酸	GGA Gly (G) グリシン	A
G	GTG Val (V) バリン	GCG Ala (A) アラニン	GAG Glu (E) グルタミン酸	GGG Gly (G) グリシン	G

細菌と呼ばれるグループではメチオニンの代わりにN末端としてホルミルメチオニンが翻訳される（翻訳途中にAUGが出てきた場合にはコドン表どおりメチオニンが翻訳される）が，真核生物と同様，翻訳後にホルミルメチオニンは除去される。いずれにせよ，mRNAのなかでタンパク質のアミノ酸配列と対応する領域は，通常はAUGから始まり3種類の終止コドンのいずれかで終わる配列になっている。なお，64種類のコドンとアミノ酸の対応関係を明らかにしたニーレンバーグ（Marshall Nirenberg），ホリー（Robert Holley），およびコラナ（Har Gobind Khorana）の3人は1968年のノーベル生理学・医学賞を受賞している。

　タンパク質は，mRNA塩基配列中のコドンの並びに従い，対応するアミノ酸を一つずつ連結していくことで合成される（**図1.6**）。この過程は**翻訳**（translation）と呼ばれる。mRNAからタンパク質への翻訳は，**リボソームRNA**（ribosomal RNA；rRNA）という複数の非コードRNAとタンパク質から構成される巨大なRNA–タンパク質複合体のリボソーム（ribosome）と，**転移RNA**（transfer RNA；tRNA）と呼ばれる非コードRNAによって行われる。tRNAは，mRNAのコドンと相補的な3連続塩基（アンチコドン）を持ち，さらに末端にはコドンと対応する1種類のアミノ酸を結合した状態でリボソームへとアミノ酸を運ぶ役割を持つ，いわばコドンの3塩基とアミノ酸1種類の対応関係を実現して

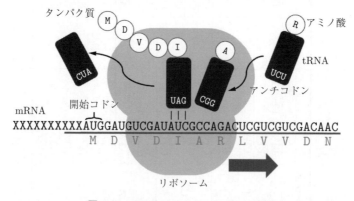

図1.6 mRNAからタンパク質への翻訳

いる分子である†。リボソームは，mRNA の塩基配列中のコドンと相補的なアンチコドンを持つ tRNA を取り込み，その tRNA が運んできたアミノ酸を連結した後，3 塩基分進んでつぎのコドンと対応する tRNA を取り込み，つぎのアミノ酸を連結する，という流れを繰り返すことで mRNA の塩基配列からタンパク質を合成する（図 1.6）。このように翻訳という過程は，非コード RNA が中心的な役割を担っている。

1.1.4 セントラルドグマ

ここまでに説明したとおり，すべての生物は遺伝物質として DNA を細胞のなかに保有している。そして細胞分裂時には，塩基対形成の法則に従ってもとの DNA の塩基配列と同じ DNA 分子を新たに複製することで，母細胞と同一の遺伝情報を娘細胞へと伝える。この複製の過程では，配列情報が DNA から DNA へと伝達されていることになる。RNA への転写の過程も同じく，塩基対形成の法則に従ってもとの DNA の情報が RNA に写し取られるため，配列情報が DNA から RNA に伝わっている。また，転写された一部の RNA（mRNA）は，コドンとアミノ酸の対応関係に従ってタンパク質へと翻訳されており，これは RNA の塩基配列の情報がタンパク質のアミノ酸配列へと伝わっていると考えることができる。このような DNA，RNA，タンパク質という 3 種の生体高分子の間の情報の伝達は，すべての生物に共通な基本原理として，分子生物学における**セントラルドグマ**（central dogma）として 1958 年にクリックにより提唱された（**図 1.7**）[2]。なお，転写によって RNA が合成されることや，翻訳によってタンパク質が合成されることは，**発現**（expression）と呼ばれる。

　セントラルドグマのなかでは，DNA から DNA への複製，DNA から RNA への転写，RNA からタンパク質への翻訳の三つが基本的な情報の伝わり方であるが，ほかにも三つの特別な場合に生じる情報伝達について述べている。RNA から

---

† 厳密にはこの説明は正しい説明ではない。この説明どおりならば，終止コドンを除く 61 種類のコドンに対応する tRNA が存在することになるが，実際には tRNA はこの数よりも少ないことが多い。これは，複数のコドンに対応可能な tRNA が存在するためである。

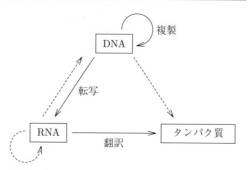

実線は多くの細胞で見られる一般的な情報の流れ，
破線は特定の環境下で見られる特殊な情報の流れ。
図 1.7　セントラルドグマにおける情報の伝達

RNA への情報の伝達は，遺伝情報を DNA ではなく RNA として保持している一部のウイルスに見られる現象であり，RNA 依存性 RNA ポリメラーゼと呼ばれるタンパク質により，RNA を鋳型として RNA が複製される。RNA から DNA への情報の伝達は，転写とは逆の流れであり，**逆転写**（reverse transcription；RT）と呼ばれている。逆転写は，ヒト免疫不全ウイルス（HIV）などのウイルスが持つ RNA 依存性 DNA ポリメラーゼ（逆転写酵素とも呼ばれる）によって，ウイルスの RNA の情報が DNA に写し取られる現象として発見された。現在ではヒトを含めたさまざまな生物の細胞のなかでも逆転写が生じていることが知られている（詳しくは 1.3.1 項，3.1.4 項を参照）。また，非常に特殊な試験管条件下では，DNA から直接タンパク質が合成されることも報告されているため，DNA からタンパク質への情報の流れも存在している[3]。

　一方，セントラルドグマのなかでは，タンパク質からタンパク質，タンパク質から DNA，タンパク質から RNA という三つの情報の伝達の存在は否定されており，タンパク質の情報が DNA や RNA に伝わることは現在でも確認されていない。

1.2　オミクスデータの測定技術

　本節では，前節で説明したセントラルドグマに関わる生体分子（DNA, RNA，タンパク質）のデータを網羅的に測定するための実験手法について紹介する。この網羅的なデータのことは，ギリシャ語に由来する接尾辞であるオームを用いて，**オミクスデータ**（omics data）と呼ばれる†。具体的には，まずこれらの測定手法の基礎となる DNA 操作の一般的な実験手法について紹介した後，塩基配列データを大規模に測定するためのシーケンス法，またシーケンス法に基づく RNA の発現量測定法，そしてタンパク質データを大規模に測定するための質量分析法についてその基本的な原理を解説する。

1.2.1　DNA 操作の一般的実験手法

　まず，さまざまな DNA 分子が混ざった溶液から，長さの異なる DNA 分子を分離する手法である**電気泳動法**（electrophoresis）について紹介する（図 **1.8**）。電気泳動とは一般には，電場において，分子が負に荷電している場合は陽極に，正に荷電している場合は陰極に移動することを意味する。リン酸が負の電荷を持つことから DNA は負に荷電している分子であり，そのため DNA 分子について電気泳動を行うと，あらゆる DNA 分子は陽極に移動することとなる。その際，電気泳動の場としてゲルを利用すると，長い DNA 分子はゲルの網目に移動が妨げられるため移動速度が遅くなり，一方，短い DNA 分子は移動が妨げられないため長い分子に比べ移動速度が速くなることが知られている。よってさまざまな DNA 分子が混ざった溶液に対してゲル中で電気泳動を一定時間

---

†　網羅とはあいまいな表現であるが，例えば網羅的なタンパク質のデータを意味するプロテオームは，ある細胞内で発現しているタンパク質の全体像という意味で用いられることもあれば，ある生物が持つすべてのタンパク質を意味することもあり，文脈によって意味合いが異なる。また，実験技術の限界により，多くのケースでは実際には対象を網羅できていないことも多い。よって実際にはオミクスデータとは，一つの分子や現象を対象とするのではなく，その全体像を捉えることを目的として取得されたデータという意味で利用される。

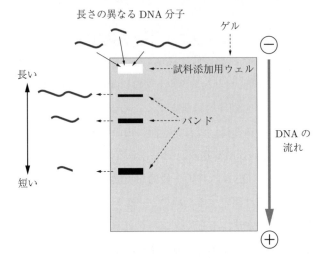

図 1.8　電気泳動法の概略図

行うと，長さの異なる DNA 分子がゲル状の異なる位置に線（バンド）として
現れる（陽極に近いほど短い分子が存在する）。すなわち，長さの異なる DNA
分子を分離することが可能である[†1]。

　つぎに，対象とする DNA 分子の数を増幅させる手法である**ポリメラーゼ連鎖
反応法**（polymerase chain reaction；PCR）について説明する（**図 1.9**）。PCR
法では，1.1 節で解説した生体内での DNA 複製反応を工学的に利用して，その
分子を増幅させる。

　まず，増幅したい DNA 配列を挟む 2 ヶ所の領域に対して相補的な配列であ
るプライマー DNA[†2]，熱安定性 DNA ポリメラーゼ，4 種類（A, C, G, T）の
デオキシリボヌクレオシド三リン酸（dNTP）[†3]，そして増幅したい DNA 分子

[†1]　なお，タンパク質はアミノ酸ごとに電荷が異なり，また高次構造を形成することから，
単純に電気泳動を行うだけでは長さに応じてタンパク質を分離することはできない。そ
のため，ドデシル硫酸ナトリウム（SDS）などを加えることで，タンパク質を変性させ
かつタンパク質長に応じた負電荷を与えてから，電気泳動を行う必要がある。

[†2]　1.1.1 項で述べたとおり，生体内での DNA 複製において利用されるプライマーは RNA
であるが，RNA は不安定な物質であるため，試験管内などの人工的な環境における実
験ではプライマーとして DNA が利用される。

[†3]　塩基，デオキシリボース，三リン酸が結合した化合物である。

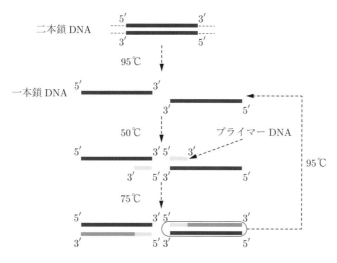

図 1.9　PCR 法の概略図

を混合する。その後，この混合液を 95°C 近くの高温まで上昇させる。前節で
説明したとおり DNA 分子は通常，二本鎖の状態であるが，このような高温状
態では相補的塩基対を形成させる水素結合が不安定になるため，DNA が一本
鎖の状態に解離される。高温にしてから一定時間後，95°C からおよそ 50°C 程
度まで温度を下げる。これにより DNA は再び二本鎖の状態に戻ろうとするが，
このとき，もともと対合していた DNA 分子と対合するのではなく，混合してい
たプライマー DNA と対合する分子が現れる。ここで，熱安定性 DNA ポリメ
ラーゼが働く温度である 75°C 程度まで温度を再び上昇させる。このとき，一
般的な DNA ポリメラーゼを利用していると，高温のためタンパク質が変性し
て酵素活性が失われてしまうため，熱安定性 DNA ポリメラーゼを利用する必
要がある。するとプライマー DNA と対合している領域を起点として，DNA ポ
リメラーゼが dNTP を取り込んでいくことによって DNA 複製反応が起こる。
よって理想的には，この 95°C → 50°C → 75°C というサイクルを一度行うと，
対象とする DNA が 2 倍に増幅される。また，75°C にした後再度 95°C に温度
を上げ 95°C → 50°C → 75°C というサイクルをもう一度行うと，対象とする

DNA 量はがさらに 2 倍になり，すなわち，もとの 4 倍にまで増幅される。よっ
てこのサイクルを繰り返し行い，DNA 分子を指数関数的に増幅させることが
できる。なお，熱安定性 DNA ポリメラーゼとして，PCR 法の開発初期には，
イエローストーン国立公園の温泉中に存在する好熱菌から抽出された DNA ポ
リメラーゼである Taq ポリメラーゼが利用された。

　本項の最後に，RNA 分子の**相補的 DNA**（complementary DNA；cDNA）
を作成する逆転写法について解説する。前節で説明したとおり，RNA ウイル
スの一部では，その RNA ゲノムから二本鎖 DNA を生成（逆転写）することが
知られている。その際，利用される逆転写酵素を実験に利用することで，対象
とする RNA 分子の cDNA を実験的に作成できる。また，cDNA を作成した後
に PCR によって DNA 分子を増幅させることも可能となり，これは RT–PCR
法と呼ばれる。1.2.4 項で述べるが，塩基配列データを測定するシーケンス法で
は，ナノポア法を除いて DNA 配列しか決定することができず，RNA 配列を直
接決定することはできない。そのため，ナノポア法以外の方法で RNA 配列を
決定するためには，一度 RNA 分子を cDNA に逆転写してから配列決定を行う
必要がある。

　なお，電気泳動法を開発したティセリウス（Arne Wilhelm Kaurin Tiselius）は
1948 年にノーベル化学賞を，PCR 法を開発したマリス（Kary Banks Mullis）は
1993 年に同じくノーベル化学賞を，また，逆転写酵素を発見したテミン（Howard
Martin Temin）およびボルティモア（David Baltimore）は 1975 年にノーベ
ル生理学・医学賞をそれぞれ受賞している。

1.2.2　サ ン ガ ー 法

　DNA シーケンス法とは，与えられた DNA 分子の塩基配列，すなわち A，C，
G，T の並びの順番を決定する実験手法である。1970 年代に提案された初期の
シーケンス手法として，化学反応による塩基配列の切断を利用するマクサム–ギ
ルバート法と，DNA 合成反応の停止を利用した**サンガー法**（Sanger method）
が挙げられる（なお，これらの手法を開発したギルバート（Walter Gilbert）と

サンガー（Frederick Sanger）は，1980 年にノーベル化学賞を受賞した）。このうちサンガー法は，ヒトゲノム計画をはじめとする 2000 年代までのゲノム解読プロジェクト（生物種の全 DNA 配列をシーケンスして，その並びを決定するプロジェクト）において主流であった重要な実験手法であるため，本書ではまずサンガー法の原理について解説する（**図 1.10**）。

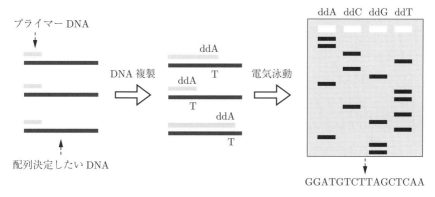

図 1.10 サンガー法の原理の概略図

　サンガー法では，DNA ポリメラーゼによる複製反応を利用して塩基配列を決定する。まず，決定したい DNA 配列の $3'$ 端にある領域と相補的なプライマー DNA，DNA ポリメラーゼ，4 種類（A, C, G, T）の dNTP，そして配列決定の対象とする一本鎖の DNA 配列を混合する。それに加えてサンガー法では，4 種類（A, C, G, T）のジデオキシドヌクレオシド三リン酸（ddNTP）のうち 1 種類を加える。ddNTP は dNTP の五炭糖の $3'$ 位に存在する OH 基が取り除かれた化合物である。そのため，$3'$ 位においてほかの dNTP とリン酸結合を形成することができず，DNA 鎖を伸長させることができない（図1.2）。すなわち DNA ポリメラーゼが DNA 伸長を行う際，dNTP が取り込まれた場合は DNA 伸長が進行するが，ddNTP が取り込まれた場合は DNA 伸長がそれ以上進まず終了することとなる。ddNTP と dNTP を混ぜて DNA の伸長反応を行った場合，DNA が 1 塩基伸長するときに ddNTP が取り込まれるか否かは濃度の比に応じて確率的に定まり，よって 1 塩基ごとに伸長反応が停止するか否かは

確率的に定まる。このため最終的な複製産物としては，伸長途中のさまざまな長さの DNA 鎖が生成されることとなる。ここで対象とする同一配列の DNA 分子はあらかじめ増幅されていて多数存在し，それらに対して上記の複製反応を行うことを考える。またここでは ddNTP として，ddATP を反応液に加えたとする。もし複製反応中に dNTP のみが取り込まれ ddATP が取り込まれなかった場合，すべての領域が複製された DNA 分子が得られる。一方，ddATP が途中で取り込まれた場合，もとの DNA 分子よりも長さが短く，また長さは多様であるがその末端は必ず A で終わっている DNA 分子群が得られることとなる。なお ddATP だけでなく dATP も混合されているため，（A の相補である）T がきたら必ず DNA 伸長が終了するわけではないことに注意する必要がある。同様の実験を ddATP だけでなく，ddNTP のほかの 3 種類についても行うと，長さは多様であるが末端の塩基がわかっている DNA 分子群を得ることができる。そして得られた DNA 分子群を電気泳動すると，長さの違いに応じて DNA が分離され，また末端の塩基はわかっているので，もとの DNA 配列を決定することが可能である。

　ヒトゲノム計画で実際に使われたシーケンサーでは，上記のサンガー法の原理に加え，蛍光標識法およびキャピラリー電気泳動法といった技術が利用されている。蛍光標識法は，一つの実験系において ddNTP を 1 種類ではなく 4 種類すべて加える代わりに，ddNTP を区別するために各 ddNTP を異なる色で標識しておくという手法である。そして，サンガー法で分離された後のバンドの色をレーザーで読み取ることで DNA 配列を決定する。この方法によって一つの配列に対して 4 種類の実験を行う必要がなくなるため，より簡便にシーケンスすることが可能となる。またキャピラリー電気泳動法は，電気泳動の場としてキャピラリー（毛細管）ゲルを用いることで，高速に DNA 分子を分離することが可能な手法である。

　シーケンサーによって決定された一つながりの DNA 配列はリード（read）と呼ばれる。どのシーケンサーを利用しても，一度に読める配列の長さには限界があり，サンガー法の場合，そのリード長は 500〜1 000 塩基程度である。

これは後述する第二世代塩基配列決定法に比べて比較的長く，サンガー法の長所として挙げられる。また測定には必ずエラーが付きものであり，やはりどのシーケンサーを利用してもエラーのないシーケンスは不可能であるが，サンガー法では配列の読み取りエラー率が低いという点も長所として挙げられる。

反面，DNA 配列の一つの塩基がゲル上の一つのバンドに対応するという仕組みや，DNA 増幅のためにクローニングと呼ばれるステップが必要であるため，サンガー法は配列決定にコストや時間がかかるという問題点がある。このような事情から現在，ゲノム解読など多数の DNA 配列をシーケンスする必要がある場合，主要なシーケンス手法としてサンガー法が利用されることはない。一方，サンガー法は特定の DNA 配列を小規模かつ高精度にシーケンスする場合には優れているため，別のシーケンサーによって決定された配列の検証や，特定の遺伝子の配列を高精度に決定したい場合などには現在でも利用されている。

なお，サンガー法に限らずシーケンス実験を行う際，シーケンスエラーを防ぐために，同一の配列を複数回シーケンスして多数決をとるなどして，シーケンスエラーを減らすことが必要となる。配列の各位置がシーケンスされた平均回数は**カバレッジ**（coverage）または**デプス**（depth）と呼ばれ，例えば平均30回シーケンスした場合，30× などと表記する。また現在のシーケンサーでは，読み取りの精度を評価する指標として各塩基ごとにクオリティスコアがつけられており，クオリティスコアが平均的に低いリード配列は使用しないなどの処理もなされる。

1.2.3　第二世代塩基配列決定法

2005 年には，サンガー法よりもはるかに大規模・高速かつ安価に DNA をシーケンスする実験手法が現れた。これらの手法は総じて**次世代塩基配列決定法**（next generation sequencer；NGS）または**第二世代塩基配列決定法**（second generation sequencer）と呼ばれる†。第二世代の手法として，454 法，イルミナ（Illumina）法，ソリッド（SOLiD）法，イオントレント（Ion Torrent）法などさまざまな手法が提案されたが，本書ではそのなかでも 2022 年現在最も主要な方法であるイルミナ法についてその原理を概説する。

　イルミナ法もサンガー法同様，DNA ポリメラーゼによる複製反応を利用して塩基配列を決定する。まず，決定したい DNA 配列の両端にアダプター配列と呼ばれる DNA 配列を付加する。ここでは，両端に付加するアダプター配列は異なるものとする。また，これらのアダプター配列が，フローセルと呼ばれるガラス板上にもあらかじめ多数固定されているものとする。対象 DNA 配列を一本鎖にした後，$5'$ 端側をフローセル上に固定すると，$3'$ 端に付加した配列はフローセルに固定している近隣のアダプター配列と相補鎖結合し，ブリッジ状の構造をとる。この状態でアダプター配列をプライマーとして DNA 複製反応を行うと，$5'$ 端が固定された一本鎖 DNA 配列が増幅される。これをブリッジ PCR 法と呼ぶ（図 1.11）。そのサイクルを繰り返すことで，同一配列（およびその相補鎖）からなる DNA 分子のクラスタをフローセル上に形成することができる（繰り返しになるが，アダプター配列はあらかじめフローセル上に多数固定されているという点が重要である）。そして，フローセル全体を見ると，多数のクラスタが形成されていることとなる。このとき，最初に多様な DNA配列をフローセル上に固定することにより，クラスタ間では異なる DNA 配列が増幅されていることとなる。

　その後，**合成時解読法**（sequencing by synthesis ; SBS）を行って塩基配列を決定する（図 1.12）。この方法はサンガー法と同じように，DNA ポリメラーゼによる複製反応を利用し，そして DNA 伸長が進行しない特殊な塩基を用いる。ただしサンガー法で利用した ddNTP とは異なり，SBS 法では可逆的ターミネーターと呼ばれる再伸長が可能な特殊な塩基を利用する。この塩基は具体

---

†　近年，2005 年に提唱された手法（なかにはメーカーがすでに生産を終了している手法も存在する）を「次世代」と呼ぶことへの違和感を持つ研究者も増えてきており，サンガー法より後の塩基配列決定法をまとめて高速シーケンサーと呼ぶことも多い。

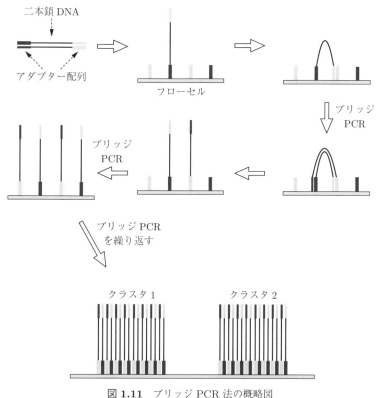

図 1.11　ブリッジ PCR 法の概略図

図 1.12　合成時解読法の概略図

的には，dNTP の五炭糖の 3′ 位に存在する OH 基に保護基がくっついている
ため，ddNTP の際と同様そのままではやはり DNA 伸長が進行しないが，保護
基を除去することによって DNA 伸長を継続させることが可能となる塩基であ
る。またこの塩基には，塩基ごとに異なる色で標識された蛍光標識がついてお
り，この蛍光標識も除去することが可能である。この可逆的ターミネーターを
用いると，つぎのようにして配列を決定することができる。まず，プライマー

配列としてどちらかのアダプターの相補鎖配列を与え，そこを起点として複製反応を行う。ここでフローセルに対して塩基として可逆的ターミネーターを与える（サンガー法とは異なり，通常の dNTP は含まれていない）と，DNA 伸長は 1 塩基進むがそれ以上の反応は伸長しない。各 DNA 分子のクラスタは同一の配列になっていることから，どの塩基が取り込まれたかはクラスタ内で同一になっており，すなわちクラスタ全体で同じ色を発している。よって画像処理によって各 DNA 分子のクラスタが発している蛍光を検出すると，どの塩基が取り込まれたか，すなわち，もとの塩基配列の最初の 1 塩基目がなにであるかを決定できる。その後保護基を除去すると DNA が伸長できるようになるためこれを除去し，またつぎの蛍光を検出したいために蛍光標識も除去する。そして再び可逆的ターミネーターを加え新たな蛍光を検出することで，もとの塩基配列の 2 塩基目を決定する。この操作を繰り返すことで対象とする DNA 配列を決定することができる。

　イルミナ法では，化学反応制御の限界から PCR によって増幅した DNA 領域をすべて配列決定することはできず，途中までしか決定することができない。ここで，片方の端からのみ配列を決定する手法はシングルエンドシーケンス，DNA 配列の両端から配列を決定する手法はペアエンドシーケンスと呼ばれる。ただし，DNA 配列が十分に長い場合，ペアエンドシーケンスを行ったとしてもすべての領域を配列決定することはできず，そのためシーケンスした二つの配列間にオーバーラップは存在しないこととなる。

　イルミナ法は，可逆的ターミネーターを使うことで塩基を決定した後も DNA 伸長が続けられる点，またフローセル上には多数のクラスタが形成されるため並列的に配列を決定できるという点で，サンガー法に比べて膨大な量の DNA 配列データを高速に得ることができる。一方，決定できる DNA 配列の長さは数十塩基から数百塩基程度とかなり短いという欠点がある。この事情から 2022 年現在，イルミナ法はさまざまな用途で広く使われているシーケンス手法であるが，決定できる配列長が長いことが重要である（1.3.6 項参照）新規生物種のゲノム配列決定においては，次項で述べる第三世代塩基配列決定法が重要な役

割を担うようになってきている。

1.2.4 第三世代塩基配列決定法

その後 2010 年代に入ると，1 分子 DNA の反応を測定することで配列決定を行う**第三世代塩基配列決定法**（third generation sequencer）が開発された。本書では第三世代の手法として，パックバイオ（PacBio）法とナノポア法の二つの方法について実験手法の原理を紹介する（文献によっては，ナノポア法は第四世代に分類されることもある）。第三世代の手法であるパックバイオ法とナノポア法はどちらも，PCR を利用せず 1 分子の DNA 配列を対象として配列を決定する。サンガー法やイルミナ法との大きな技術的差異は，複製反応を一度停止させる処理を行わない点にある。また得られるリード配列の特徴としては，きわめて長い塩基長（数万塩基から 100 万塩基）の配列を決定できるという点が挙げられる。さらに，DNA 配列の各塩基に化学修飾が起こっているか否かをシーケンサーの段階で識別することが可能であるという長所も持つ（DNA の修飾については 1.4 節で解説する）。

パックバイオ法も，サンガー法やイルミナ法と同様に，DNA ポリメラーゼによる複製反応を利用して塩基配列を決定する。この方法では，まず異なる塩基に異なる蛍光をつけておき，DNA ポリメラーゼが複製の過程で塩基を取り込むと，その蛍光が検出されるようにする。そして複製が途切れなく伸長すると，一つの DNA ポリメラーゼごとに蛍光の時系列データが得られることとなるため，そのデータに基づいて DNA 配列を復元できるというのがシーケンスの原理となる。この際，技術的に最も難しい点は，DNA ポリメラーゼに取り込まれた塩基の蛍光のみを測定し，溶液中に存在するそのほかの塩基の蛍光を測定しないようにすることである。この問題を解決する技術が，**ゼロモード導波路**（zero-mode waveguide；ZMW）**法**と呼ばれる手法である。この手法では，非常に小さな穴の底に DNA の複製系を固定し，その穴のなかで複製反応が行われるようにする。ここで穴の底から励起光を当てた場合，穴の大きさを励起光の波長よりも小さくすることで光が穴を通過しないようにすることができる。

そのため，光は穴の底にある分子のみを特異的に励起することとなり，その結果，DNA ポリメラーゼに取り込まれた塩基のみが検出されることになる[†]。なおパックバイオ法には，連続的長リード（continuous long read；CLR）と環状コンセンサス配列（circular consensus sequence；CCS）と呼ばれる二つのシーケンスモードがあり，モードによって特徴の異なるリード配列が産出される。CLR は，長くて 10 万塩基を超える非常に長いリード配列を算出することができる一方，読み取り精度が低いという欠点がある。CCS は，1 万〜2 万塩基と CLR よりも短いリード配列になる代わりに 99％を超える読み取り精度を達成することができる（CCS であっても第二世代までのシーケンサーと比べればはるかに長いリード配列が算出されていることに注意されたい）。そのため自分の研究目的に合わせて，どちらのシーケンスモードを利用するか選択する必要がある。

　ナノポア法はこれまで説明してきたシーケンス法とは異なり，DNA ポリメラーゼによる複製反応を利用しないシーケンス法である（**図 1.13**）。この方法ではまず，電流を通さない人工の膜を用意し，DNA 1 分子が通る程度の小さな穴（ナノポア）を膜上に設置する。この膜に電圧をかけると，ナノポアを通じて膜の片側からもう片側へとイオンが流れる。ここでナノポアを通じて DNA 分子を膜の片側からもう片側へと移動させると，ナノポアを DNA 分子が通過してい

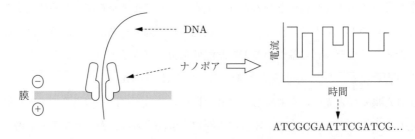

図 1.13　ナノポア法の概略図

[†]　ZMW 法は DNA シーケンスのみならず，さまざまな生命現象を 1 分子レベルで可視化することが可能な手法である。例えば，リボソームにおける tRNA の取り込み過程を可視化した研究が存在する[4]。

るときと通過していないときとではイオンの流れが変化するため，流れる電流に違いが生じる。そしてナノポアを通過する塩基配列の種類によっても流れる電流に違いが生じる[†1]。そのためナノポアに DNA 分子を通過させたときに流れる電流を計測すると，得られた電流の時系列データからナノポアを通り抜けている塩基配列を復元することが可能となる。またナノポア法は，100 万塩基を超えるような，パックバイオ法よりもはるかに長いリード長が得られるというメリットがある。ほかの特徴として，DNA 複製反応を利用しないため，逆転写反応を行わず直接 RNA 配列を決定可能であることが挙げられる[5]（原理的にはアミノ酸配列も決定できると期待されるが，2022 年現在，まだアミノ酸配列を決定可能な実用的なナノポア法は存在していない）。さらに，蛍光検出器を必要としないため配列決定コストがきわめて安価であり，手のひらに乗るほど小型化された携帯用シーケンス機器も開発されているという点も重要な特徴である。

　現在，新規シーケンス技術の開発は日進月歩の勢いで進められている（図 1.14）。ゲノム配列を決定するのに必要なコストは指数関数的に減少しており，また時間当りに決定可能な DNA 配列長も爆発的に増大している。これは，「集積回路上のトランジスタの数は 1.5 年ごとに 2 倍になる」というコンピュータの性能向上についての予言であるムーアの法則を上回るほどの減少となっている。例えば，1990 年に開始され 2003 年に終了したヒトゲノム計画では，ヒトのゲノム配列を決定するのに数千億円の予算と十数年の時間を必要としたが，現在の技術を利用すればわずかに 10 万円程度の予算で数日で 1 人のゲノム配列を決定可能である[†2]。このようなシーケンス技術の進歩は爆発的な DNA 配列データを生み出すこととなり，その結果これらのビッグデータを解析するためのバイオインフォマティクスは，現在の生命科学においてなくてはならないものとなっている。

　これまでに紹介したように，DNA シーケンス手法には多様な実験手法が提

[†1]　一つの塩基が一つの電流の値に対応するのではなく，ポアに含まれている数塩基から十数塩基の塩基配列から電流の値が定まる。

[†2]　2020 年 12 月 11 日に発表されたプレプリント論文では，2 000 円弱の予算かつ半日程度の時間でヒトゲノム配列を決定可能な技術が報告されている[6]。

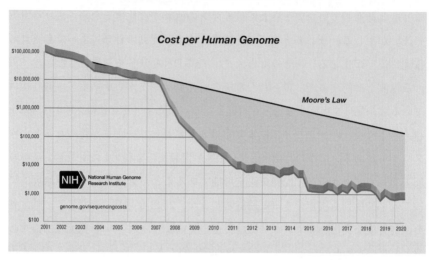

図 1.14 ヒトゲノムを解読するのに必要な予算の変遷[7]

案されているが，新しいシーケンス手法を使えばどんなときでもよいというわけではない。シーケンス手法ごとに，1. 実験費用，2. 実験にかかる時間，3. 読み取り可能な塩基配列長，4. 配列決定におけるエラー率などにそれぞれ特徴があるため，実験の目的に合わせて適切なシーケンス手法を選択する必要がある。

1.2.5 RNA の配列決定と発現量推定

一つの細胞に 1 組しか存在しないゲノムとは異なり，細胞のなかには多様な RNA 分子が多数存在しており，細胞の状態に応じて必要な RNA が絶えず転写によって合成され，また不要となったものは分解されている。そのため，細胞の状態を知る上で，ゲノム上のどの領域が転写されており，各領域からどれくらいの量の RNA 分子が合成されているかを知ることはきわめて重要である。転写された RNA 分子の量は，RNA の発現量とも呼ばれ，特に，細胞内のさまざまなタンパク質の量を知るために，その前駆体である mRNA の発現量に着目することが多い†。

---

†　ただし，mRNA の量は，翻訳後のタンパク質の量と関連があるものの，mRNA の量だけではタンパク質の量を完全には説明できないことが多い。

　現在では，先に説明した DNA シーケンス法の飛躍的な性能向上により，数千万から数億本の DNA 塩基配列を読み取ることが可能になった。そしてこの DNA シーケンス法の応用として，数万種類の RNA の発現量を一度の実験で網羅的に調べる **RNA–seq 法**（RNA–sequencing）が広く使われるようになった。RNA–seq 法では，細胞中の目的となる RNA を抽出・精製後，イルミナ法などの各種シーケンス法に合わせた長さに RNA を断片化（数百塩基程度）し，その後 RNA 断片の逆転写を行い cDNA を作成してから，DNA シーケンス法を適用する。RNA–seq 法では，発現量の多い mRNA ほど，より多くの数の配列が読み取られることになるため，配列の本数をもとに RNA の発現量が推定できる（**図 1.15**）。

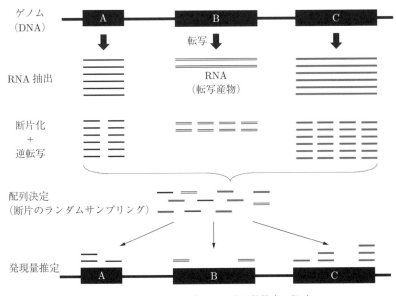

図 1.15　RNA–seq 法による発現量推定の概略

　ただし，現在の主流のシーケンス法では短く断片化した RNA の配列を読み取っているため，RNA 分子の長さによって得られる断片配列の数は変化するという問題がある。すなわち，同じ発現量で長さの異なる 2 種類の RNA 分子があるとき，それぞれの RNA を一定の長さで断片化処理することによって，短

いほうの RNA 分子に比べて，長い RNA 分子からはより多くの断片が生成されることとなる。その結果，読み取られる塩基配列も長い RNA 分子に由来するものが多くなってしまう。そのため，RNA の発現量の推定には，読み取られた塩基配列の本数だけでなく，断片化前の RNA の配列長も考慮されている。将来的にシーケンス法が改良され，すべての RNA 分子について，端から端までを 1 本の配列として読み取ることが可能になれば，この問題は回避することが可能である。また，多数の RNA 断片のなかから，数千万～数億本の塩基配列をランダムにサンプリングしているため，RNA–seq 法によって得られる各 RNA の発現量は，相対的な量である†。このように膨大な量の配列データのみが得られる RNA–seq 法では，計測の目的である各 RNA ごとの発現量を得るために，バイオインフォマティクスによるデータ解析が必要である。

　RNA–seq 法では，発現量を調べたい RNA に合わせて RNA の精製方法が異なり，得られる配列数もそれぞれ大きく異なる。一般的な哺乳類細胞では，各転写産物はおおむね**表 1.3** に示す割合で含まれているため，細胞中のすべての RNA（total RNA）を用いた RNA–seq 法を行うと，得られる配列の 80～90％は非コード RNA の一種である rRNA に由来することになる。一方，ヒトの場合，mRNA は数万種類存在しているが，それらすべてをまとめた全 mRNA に由来する配列は，5％程度しか得られないため，各 mRNA に由来する配列はごくわずかしか得ることができず，mRNA 間の発現量の差を十分に調べる

表 1.3　哺乳類細胞における各転写産物の量[8]

転写産物の種類	全 RNA 中での質量比（％）	分子数
rRNA	80 ～90	$3 \sim 10 \times 10^6$
tRNA	10 ～15	$3 \sim 10 \times 10^7$
mRNA	3 ～ 7	$3 \sim 10 \times 10^5$
snRNA	0.02 ～ 0.3	$1 \sim 5 \times 10^5$
snoRNA	0.04 ～ 0.2	$2 \sim 3 \times 10^5$
miRNA	0.003～ 0.02	$1 \sim 3 \times 10^5$
lncRNA	0.04 ～ 0.4	$4 \sim 20 \times 10^4$

---

† 　例えば，実験を行ったサンプル中の全 RNA 分子が 100 万本としたときの各 RNA の本数が単位として用いられる。

ことができない。そのため，mRNA の発現量に着目する際，mRNA の濃縮，もしくは rRNA の除去といった処理を行うことで，目的となる mRNA の精製が行われる。mRNA の濃縮は，真核生物の mRNA の 3′ 末端に付加されている A が連続した配列の poly–A（1.5.1 項参照）に対して相補的な配列となる，T が連続した配列のプローブと呼ばれる分子に mRNA を結合させることで，mRNA の選択的な濃縮を行う。この方法では，poly–A を持つ mRNA が濃縮されるため，多くの種類の mRNA の発現量を計測するという目的では有効である。一方，poly–A が存在しない非コード RNA なども除かれるため，これらの RNA の発現量にも着目する場合には rRNA のみの選択的な除去が行われる。これは，rRNA と相補的な配列を持つプローブ分子に rRNA を吸着・除去することで実現される。RNA–seq 法により得られたデータを解析する際には，上記のように，実験に用いられた RNA がどのように調製されたものであるかをあらかじめ把握しておくことが重要である。

　従来の RNA–seq 法では，多数の細胞から得られた転写産物を対象としてシーケンス実験を行っていた。このような実験手法は bulk RNA–seq 法と呼ばれ，多数の細胞から構成される組織の転写産物量を測定したい場合には有効であった。一方，受精卵などもともと少数の細胞しか存在しない場合や，あるいはがん細胞の増殖において細胞ごとの転写産物の違いを測定したい場合には適用することはできなかった。近年，**1 細胞 RNA–seq 法**（single-cell RNA–sequencing；scRNA–seq）が開発され，1 細胞ごとにその転写産物の量を測定することが可能となった[†]。その結果，受精卵から成体への発生過程や，組織内での細胞の不均一性といった現象について転写物の発現データ解析を行うことが可能となり，2022 年現在世界中で盛んに研究が進められている。RNA–seq 法の解析技術の詳細については，本シリーズの『トランスクリプトーム解析』を参照いただきたい。

[†] 1 細胞でオミクス解析を行う手法は，RNA–seq 法以外にも，1 細胞ゲノム配列決定や 1 細胞エピゲノム解析などさまざまな技術開発が進められている。

1.2.6　質　量　分　析　法

本節の最後に，タンパク質のオミクスデータを測定する手法について紹介する。与えられたタンパク質のアミノ酸配列を決定する手法が開発されたのは 1950 年代のことであり，開発者は DNA シーケンス法を開発したのと同じサンガーである（サンガーは，タンパク質のアミノ酸配列決定法の開発に対してもノーベル化学賞を贈られており（1958 年），ノーベル賞を 2 度受賞した数少ない研究者のうちの一人である）。現在広く利用されているアミノ酸配列決定法は**エドマン分解法**（Edman degradation）と呼ばれる手法である。エドマン分解法では，まずタンパク質 N 末端のアミノ酸残基（residue）†一つをエドマン法と呼ばれる化学反応によって分解する。そして，得られたアミノ酸残基をクロマトグラフィーによって分離することでその残基がどのアミノ酸であるかを同定する。この同定法を繰り返しもとのアミノ酸配列に適用し，逐次的に N 末端のアミノ酸残基を同定していくことで，もとの配列を復元することが可能となる。エドマン分解法によるアミノ酸配列決定は得られる配列の精度が高く，また未知のアミノ酸配列であっても同定が可能であるという長所が存在する。一方，実験に時間がかかるためスループットが低く大規模なデータの測定には向かないほか，微量なサンプルの測定はできないという欠点が存在する。そのため，細胞や組織で発現しているタンパク質の網羅的全体像，すなわちタンパク質のオミクスデータを測定する手法としては，**質量分析法**（mass spectrometry；MS）を用いた方法が主流となっている。

　質量分析法とは，測定したい分子をイオン化し，質量電荷比（m/z, m；イオンの質量, z；イオンの価数）によってイオンを分離した後，各イオンを検出することで分子の同定・定量を行う手法である。質量分析法はタンパク質のデータを測定する場合だけではなく，代謝物（生体内の化学反応による生成物）の同定や地質試料の同位体分析など，さまざまな用途で利用されている。なお，タンパク質のオミクスデータを解析する研究は**プロテオーム解析**（proteome analysis）またはプロテオミクス，代謝物のオミクスデータを解析する研究は**メタボロー**

---

†　アミノ酸の個数を数えるときの単位である。

ム解析（metabolome analysis）またはメタボロミクスと呼ばれている。

まず，質量分析法によるプロテオーム解析の概要を説明する（図 1.16）。最初に，クロマトグラフィーなどを利用して，多様なタンパク質が混合した試料を個々のタンパク質へと分離分画する。つぎに，特定のアミノ酸を認識して切断する消化酵素を利用して，タンパク質をペプチド（アミノ酸の数が数残基から数十残基の短い分子）へと分解する（消化酵素による分解を，分離分画の前に行う場合もある）。その後ペプチドをイオン化し，イオンを分離することで，質量電荷比を横軸，イオンの相対存在量を縦軸としたマススペクトルデータを得る。最後に，得られたマススペクトルデータを，タンパク質の既知のマススペクトルデータが多数含まれているデータベースと照合することで，もとのタンパク質がどのようなタンパク質であったかを同定する。本手法は**ペプチドマスフィンガープリンティング法**（peptide mass fingerprinting；**PMF 法**）と呼ばれ，手法の特長として，エドマン分解法とは逆にハイスループットであるため大規模解析に向き，また微量なサンプルの測定も可能であるという点が挙げられる。一方，データベースとの照合によりタンパク質を同定するという仕組み上，マススペクトルデータがデータベースに含まれていない未知のタンパ

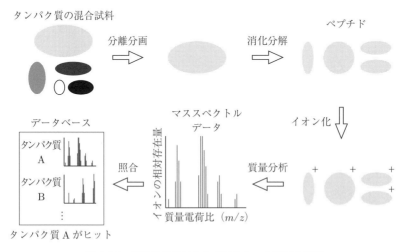

図 1.16 質量分析法によるプロテオーム解析の概要

ク質を検出することが難しいという問題点が存在する。ただし，タンパク質の
アミノ酸配列がわかっている場合，コンピュータにより仮想的に断片ペプチド
のマススペクトルデータを理論的に推測することができるため，その理論値と
実験で得られたスペクトルを照合することが可能である。すなわち，実験的に
マススペクトルデータが得られていないタンパク質の照合をまったくできない
ということではない。

　それでは，各ステップのより具体的な内容について紹介する。質量分析のため
の分離法としては，移動相が気体であるガスクロマトグラフィー法（gas chro-
matography；GC）や，移動相が液体である液体クロマトグラフィー法（liquid
chromatography；LC），またキャピラリー電気泳動法（capillary electrophore-
sis；CE）などが挙げられる。これらの分離法はどれを使っても同じような結
果が得られるわけではなく，それぞれ得意不得意があり，GC は揮発性低分子，
LC は疎水性分子，CE は水溶性分子がそれぞれ得意である。プロテオーム解析
では，おもに LC による分離が用いられ，特に液体の移動相を加圧することで
高速・高感度化した**高速液体クロマトグラフィー法**（high performance liquid
chromatography；HPLC）がよく利用されている。ここで，各分子が分離装置
のなかに止まる時間は保持時間と呼ばれ，分子ごとにその時間に違いがあるこ
とから，保持時間と質量電荷比を組み合わせることで，より高感度に分子の同
定が可能である。

　つぎにイオン化法について簡単に紹介する。一般に分子をイオン化するため
には，分子に光を当てて電子を励起させることでイオン化が可能である。しかし
ながらペプチドのような高分子に光をそのまま当てると，ペプチドが分解されて
適切な測定が行えなくなるという問題がある。そこで開発された手法の一つが，
サンプルとマトリックス（光を吸収する低分子）を混合した後に光を当てる**マ
トリックス支援レーザー脱離イオン化法**（matrix assisted laser desorption/
ionization；MALDI）である。MALDI では，光を当てるとマトリックスが光
を吸収して加熱され，イオン化および気化が起こる。サンプルはこのとき同時
に気化され，気化された状態でマトリックスとの間で電子のやり取りが生じ，

その結果イオン化することとなる。MALDI のほかには，液体と混合した後に
キャピラリーを通し高電圧を付加することでイオン化する**電子スプレーイオン
化法**（electrospray ionization；ESI）も開発されており，プロテオーム解析では
これらの手法が用いられている。なお，MALDI を開発した田中耕一 氏と ESI
を開発したフェン（John Bennett Fenn）氏は 2002 年にノーベル化学賞を受
賞している。

　得られたイオンを分離する方法としては多くの手法が提案されているが，本
書では特にプロテオーム解析に利用される手法を二つ紹介する。まず**飛行時間
型質量分析計**（time of flight mass spectrometer；TOF–MS）では，イオンに
電圧をかけて加速させ，検出器に向かってイオンを飛ばす。ここでイオンの質
量電荷比（m/z）を考えると，イオンの質量電荷比が小さいほど飛行速度が速
くなるという性質を持つ。すなわち，イオンの質量（m）が小さければ小さい
ほど，また電荷（z）が大きければ大きいほど飛行速度が速くなる。そのため，
イオン化部から検出器までの到達に要した飛行時間をもって質量電荷比の異な
るイオンの分離を行うことができる。また，**四重極型質量分析計**（quadrupole
mass spectrometer；QMS）では 4 本の電極を正方形の頂点上に配置し，二組
の電極にそれぞれ直流と交流の電圧をかけることで電場を形成させる。このと
き，電極にかける電圧の大きさによって，四重極（4 本の電極の中心部分）を
通ることができる質量電荷比の範囲が決まるため，かける電圧を変化させるこ
とでイオンを分離することが可能となる。

　このように質量分析は複数のステップの組合せからなり，表記の際には使用
した実験装置を組み合わせて書くことが多い。例えば LC–ESI–TOF–MS と表
記されていれば，液体クロマトグラフィーで分離し，電子スプレーイオン化法
でイオン化した後，飛行時間型質量分析形で計測したということを意味する。

　最後に，一つの試料に対して質量分析を 2 回行うタンデム MS 法（MS/MS，
MS^2）について紹介する。タンデム MS 法では，まず一度質量分析を行って目
的とするイオンを分離した後，そのイオンをさらに断片化する。断片化の手法
としてはさまざまな手法が存在するが，例えばイオンに不活性化ガスをぶつけ

ることで断片化する衝突誘起解離法が挙げられる。その後断片化したイオンに対してさらに質量分析を行うことで，対象とするイオンのより詳細な構造（例えばペプチドの場合，さらにその断片配列のマススペクトルデータ）が得られるため，より高精度な測定が可能となる。プロテオーム解析技術の詳細については，本シリーズの『プロテオーム情報解析』を参照いただきたい。

1.3　ゲノムと遺伝子

ゲノム（genome）とは，遺伝子（gene）などの遺伝情報の総体（-ome）を表す造語であり，生命の設計図としての役割を担う。あらゆる生物がそれぞれの固有のゲノムを細胞内に保有している。ヒトなどの多細胞生物は，各個体・個人ごとに個体を構成するすべての組織の細胞がほぼ同じゲノムを持っている。本節では，生体分子としてのゲノム・遺伝子の特徴や，文字列として表現されたさまざまな生物のゲノム配列データ，そして近年飛躍的な発展を遂げたゲノム編集技術について解説する。ゲノム情報解析技術の詳細については，本シリーズの『ゲノム配列情報解析』を参照いただきたい。

1.3.1　生体分子としてのゲノム

遺伝情報の全体であるゲノムは，真核生物と原核生物で異なる状態で細胞のなかに存在する。ヒトなどの真核生物のゲノム DNA は，核内に存在する核ゲノムと，ミトコンドリアと呼ばれる細胞内小器官に存在するミトコンドリアゲノムから構成される（ミトコンドリアについては 1.6.2 項参照）[†1]。なお，核ゲノムは両端のある線状の分子である一方，ミトコンドリアゲノムは環状の分子であり両端が存在しないという違いがある。ヒトの場合，核ゲノムは 22 本の常染色体（性染色体以外の染色体）と性を決定づける 2 本の性染色体[†2]に分かれ

[†1]　植物の場合はさらに，光合成を行う細胞内小器官である葉緑体のなかなどにゲノムが存在する。

[†2]　男性は X 染色体，Y 染色体を 1 本ずつ，女性は X 染色体を 2 本持つ。

ており，父親および母親から 23 本ずつ（常染色体 22 本，性染色体 1 本）を受け継いでいるため，合計で 46 本の染色体が核のなかに存在している。この各染色体の末端は**テロメア**（telomere）と呼ばれる特徴的な反復配列†で構成されており，DNA が複製されるたびに短くなる。しかし細胞によっては，テロメラーゼと呼ばれる RNA と逆転写酵素から構成される複合体によってテロメアが伸長されている。驚くべきことに，このヒトの核ゲノムを 1 本のヒモ状と見立てると，その全長は約 2 m にも及ぶ。一方，ヒト細胞の核は直径が約 10 μm ほどであるため，ゲノムは非常にコンパクトな形で核のなかに格納されている。

このコンパクトな収納を実現する鍵となるのが**ヒストン**（histone）と呼ばれるタンパク質である。核内では，H2A，H2B，H3，H4 と呼ばれる 4 種類のコアヒストンタンパク質が 2 分子ずつ集まった 8 量体を中心として，147 塩基対の長さ分の二本鎖 DNA 分子が約 2 周巻きついた**ヌクレオソーム**（nucleosome）と呼ばれる複合体が形成されている（**図 1.17**）。この構造体は，正電荷を持つ塩基性のアミノ酸を多く含んだヒストンタンパク質と，負電荷をリン酸基に持つ DNA との間の静電相互作用によって形成・維持されている。このヌクレオソーム構造を基本単位として，染色体は階層的に折り畳まれた状態で核のなかに存在する。このゲノムの階層的な高次構造については 1.4 節で解説する。

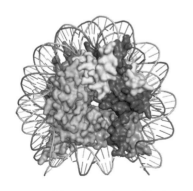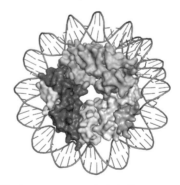

図 1.17　ヒトのヌクレオソーム構造（PDBID；4Z5T）および
古細菌のヌクレオソーム様の構造（PDBID；5T5K）

---

†　哺乳類の場合，TTAGGG を反復の単位としている。

　一方，細菌などの原核生物のゲノム DNA は，真核生物のミトコンドリアゲノムと同様一般的に環状の分子であり，真核生物の核のような細胞内器官に隔てられることなく細胞内に存在している。また，原核生物の多くはヒストンタンパク質を持たないため，真核生物のようなヌクレオソーム構造を形成することはできないが，環状の二本鎖 DNA が複雑にねじれた超らせん（supercoil または superhelix）構造を形成することで，ゲノムのコンパクトな折り畳みを実現している。基本的にヌクレオソーム構造を持たない原核生物にも例外があり，古細菌に属する生物は，真核生物のコアヒストンに類似したタンパク質を持っており，ヌクレオソームに類似した構造を形成することが知られている[9]（図 1.17）。

　また，上記の真核生物および原核生物に分類されないウイルスは，ゲノムをDNA 分子としてではなく，RNA 分子として保持しているものが一部存在する。例えば，ヒト免疫不全ウイルス（HIV）や，2019 年以降に世界的に流行している新型コロナウイルス SARS–CoV–2 は，一本鎖 RNA をゲノムとしている。

1.3.2　配列データとしてのゲノム

　DNA には A, C, G, T の 4 種類の塩基が存在するため，各生物のゲノムをこの 4 種類からなる文字列として表現することが可能である。この一次元上の文字の並びは，塩基配列や一次配列・一次構造と呼ばれ，各生物種の最も基本的な情報として，1.2 節で述べた DNA シーケンス法によってその配列が決定される。二本鎖 DNA の塩基配列は，塩基対の数が長さの尺度として用いられ，その単位は bp（base pair）と表記される。**表 1.4** に示す代表的な真核生物のゲノムサイズでは，ヒト（*Homo sapiens*）が約 30 億塩基対（3.0 Gbp），2022 年現在知られている範囲では，脊椎動物のなかで最も小さなゲノムを持つトラフグ（*Takifugu rubripes*）が約 4 億塩基対（400 Mbp）ほどである。なお，ヒトゲノムにおいてミトコンドリアゲノムはわずか 16 000 塩基対ほどであり，すなわちヒトゲノムのほとんどは核ゲノムである。ゲノムを構成している常染色体には，それぞれ番号がついており，父親および母親で同じ番号の常染色体ペアを

表 1.4 代表的な真核生物のゲノムサイズと遺伝子数

真核生物 （一般名）	学　　名	ゲノム サイズ	染色体数 〔本〕	遺伝子数[*1] 〔個〕
ヒ　ト	*Homo sapiens*	3.0 Gbp	46 (2*n*)	20 448
チンパンジー	*Pan troglodytes*	3.2 Gbp	48 (2*n*)	23 534
マウス	*Mus musculus*	2.7 Gbp	40 (2*n*)	22 519
メダカ	*Oryzias latipes*[*2]	734 Mbp	48 (2*n*)	23 622
トラフグ	*Takifugu rubripes*	384 Mbp	44 (2*n*)	21 411
出芽酵母	*Saccharomyces cerevisiae*	12 Mbp	32 (2*n*)	6 600
線　虫	*Caenorhabditis elegans*	100 Mbp	12 (2*n*)	20 191
肺　魚	*Protopterus aethiopicus*	130 Gbp	34 (2*n*)	未決定
キヌガサソウ	*Paris japonica*	150 Gbp	40 (2*n*)	未決定
原核生物				
大腸菌	*Escherichia coli*[*3]	4.6 Mbp	1	4 240
超好熱古細菌	*Pyrococcus furiosus*[*4]	1.9 Mbp	1	2 064
粘液細菌	*Sorangium cellulosum*[*5]	14.8 Mbp	1	10 400

（注）　*1；タンパク質コード遺伝子の数　　*2；Hd–rR 系統
　　　　*3；K–12 MG1655 株　　*4；COM1 株　　*5；So0157–2 株

相同染色体と呼ぶ。またこのような 2 本 1 組の染色体を持っている場合，その核相が 2*n* であると呼ぶ[†]。相同染色体の DNA 塩基配列はほとんど同じであるため，ゲノム配列のデータとしては区別せずに 1 本にまとめられることが多い。そのため，ヒトのゲノム配列の 30 億塩基対は，22 本の常染色体と 2 本の性染色体の配列の長さである。

　ゲノムサイズの大きな生物種としては，日本固有の植物であるキヌガサソウ（*Paris japonica*）の約 1 500 億塩基対（150 Gbp），肺魚（*Protopterus aethiopicus*）の約 1 300 億塩基対（130 Gbp）などが知られている。また，代表的な原核生物のゲノムサイズは，大腸菌（*Escherichia coli*）が約 460 万塩基対（4.6 Mbp），ヌクレオソーム様の構造を持つ超好熱古細菌（*Pyrococcus furiosus*）は約 190 万塩基対（1.9 Mbp），最もゲノムサイズの大きい粘液細菌（*Sorangium cellulosum*）が約 1480 万塩基対（14.8 Mbp）ほどである。

[†]　精子や卵細胞のような生殖細胞では，染色体が 1 本 1 組であるため，その核相は *n* である。

1.3.3　ゲノム配列の多様性と参照ゲノム配列

　ヒトなどの多細胞生物は，一部の例外を除き†，個体内のすべての細胞が基本的に同一のゲノムを有しているが，細胞分裂時の DNA 複製の誤りや反復配列の挿入などの内的要因，放射線や紫外線，化学物質による DNA 損傷などの外的要因により，細胞ごとにゲノム配列の一部に**変異**（mutation）が生じる（変異についてのより詳しい解説は 3.1.3 項および 3.1.4 項を参照）。ゲノムの同一性を維持するために，DNA 複製には高度な修復・校正の仕組みが存在しており，ヒト細胞の 1 回の複製時の変異率は 10^{-10}（30 億塩基中 1 ヶ所以下の変異）ほどと非常に小さい。しかしこの変異が蓄積することによって個人間のゲノム配列も異なることとなり，1 世代当り（親子間）では 10〜100 ヶ所の変異がゲノムに生じている。任意の個人間のゲノム配列の違いは 0.1％ほどといわれ，すなわち全ゲノム配列中で約 100 万ヶ所の違いが存在している。このようなゲノム配列の比較においては，配列アラインメントと呼ばれる解析が重要になる。配列アラインメントとは，複数の配列が与えられたときに配列間の類似している箇所を対応づける操作であり，バイオインフォマティクスにおいて最も重要な解析手法の一つである。配列アラインメントの詳細については，本シリーズの『ゲノム配列情報解析』を参照いただきたい。

　個体間において一塩基変化している箇所を**1 塩基バリアント**（single nucleotide variant；**SNV**）と呼び，集団内での頻度が 1％以上ある SNV を**1 塩基多型**（スニップ）（single nucleotide polymorphism；**SNP**）と呼ぶ。このような塩基の変異はヒトの形質に影響を与える可能性があり，特に疾患につながるような塩基の変異を発見することは医学的にきわめて重要な課題である。2000 年代以降，特定の疾患にかかっているヒトと健康なヒトの SNP 情報を比較し，患者側の方に偏って出現する SNP を検出する研究が非常に多くの疾患に対して進め

---

†　ヒト赤血球は核やミトコンドリアなどの細胞内小器官を持たず，したがってゲノムを有していない。また一部の免疫細胞では，V（D）J 組み換えと呼ばれるゲノムの再編成を行うことで，多様な微生物やウイルスなどに対して免疫反応を引き起こすことを可能としている。

られた†1。このような研究はゲノムワイド関連解析（ジーバス）（genome–wide association study；GWAS）と呼ばれる。

複数の生物種間（例えば，ヒトとチンパンジー間）でゲノム配列を比較する場合などでは，それぞれの生物種で基準となる配列を用意して，その配列間で比較を行う。この基準となる配列は，**参照ゲノム配列**（reference genome sequence）と呼ばれ，ゲノム配列を用いた研究の基盤となる情報である。現在研究で利用されているヒトの参照ゲノム配列は，アメリカのボランティア約 20 人の血液サンプルから得られた DNA に由来しており，複数の個体のゲノム配列をモザイク状に組み合わせて 1 本の配列としたものが広く使われている†2。

また近年，ゲノム配列決定にかかるコストが大幅に下がったことによって，1 個体のゲノム配列を比較的容易に調べることが可能になった。そのため，特定の集団（ヒトの場合は例えば国ごと）における数百個体から数万個体のゲノム配列を決定し，その集団におけるゲノム配列の多様性を調べる研究が活発に行われるようになった。このような複数個体のゲノム配列の集合は，**パンゲノム**（pan-genome）と呼ばれ，ヒトゲノムについてもさまざまな国でパンゲノムの研究プロジェクトが開始されている[10]。複数のゲノム配列を集めることで，個人間で変異が生じやすい箇所や，まれにしか変異の生じない箇所，連続した変異が生じている箇所など，ゲノム配列の多様性を知ることが可能である一方，参照ゲノム配列のような 1 本の塩基配列ではこのような多様性を表現することはできないという問題点がある。そのため，参照ゲノム配列および複数個体のゲノム配列を一つのグラフ（頂点とその頂点を結ぶ辺からなるデータ表現の方法）として表現・解析することが現在のバイオインフォマティクスにおける重要な課題の一つである（**図 1.18**）。

---

†1　正確には，この時検出される SNP は，SNP が直接的な疾患の原因になるケースだけでなく，その SNP のゲノム上の近傍に疾患に関連する変異が存在するというケースも含まれている。

†2　匿名性を高めるため，当初は 5～10 倍程度のボランティアから血液を採取し，個人情報のラベルを除去した上で数人分のサンプルを選び，配列を決定したとされているため，ボランティアに参加した人自身も自分のゲノム配列が参照ゲノム配列のなかに含まれているかはわからないとされている。

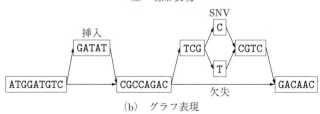

参照   ATGGATGTCCGCCAGACTCGTCGTCGACAAC

個体 A   ATGGATGTCGATATCGCCAGACTCGCCGTCGACAAC

個体 B   ATGGATGTCCGCCAGACGACAAC

(a) 線形表現

(b) グラフ表現

各個体および参照ゲノム配列はグラフ上のパス[†1]として表現

図 **1.18** 複数のゲノム配列のグラフ表現

なお，ヒトの各個人に由来するゲノム配列は，その配列中の変異箇所により，その個人だけではなくその血縁関係者のさまざまな遺伝的要因・疾患へのリスクなど，非常に多くの情報を得られる可能性があるため，研究目的で個人のゲノム配列を収集・公開する際，一般的に匿名化が行われ，個人情報とゲノム配列が結びつかないように注意深く配慮がなされている[†2]。ゲノム情報を解析する際にも，プライバシーを保護したままデータを解析する技術の開発などが進んでいる。プライバシー保護の詳細については，本シリーズの『生命情報科学におけるプライバシー保護』を参照いただきたい。

1.3.4 遺伝子とアノテーション

1.1 節で説明したように，設計図の役割を担うゲノムとは異なり，細胞内で実際に機能する実体であるタンパク質や RNA は，ゲノムから転写（DNA から RNA）および翻訳（RNA からタンパク質）という過程を経て発現する。遺伝子とは狭義には，ゲノムを構成する 4 種類の DNA の並びから 1 対 1 の関

[†1] パス：二つの頂点間をつなぐ頂点の列。
[†2] ただし例外として，DNA 二重らせん構造発見者の一人であるワトソン，実業家であるベンター（Craig Venter），また日本人では慶應義塾大学教授の冨田勝 氏らが自身の個人ゲノム配列を公開している。

係で mRNA に転写され，その後 3 塩基–1 アミノ酸の関係で mRNA からタンパク質に翻訳される領域，いわばタンパク質の設計図が記述されたゲノム領域を指す。このような領域は**タンパク質コード遺伝子**（protein–coding gene）と呼ばれる。ゲノム配列中の遺伝子構造（タンパク質に翻訳される領域の座標情報）は，真核生物と原核生物で大きく異なる。真核生物では，一つの遺伝子は 1 本の連続した領域ではなく，タンパク質に翻訳されない**イントロン**（intron）と呼ばれる領域に分断された状態で複数箇所に分かれて存在していることが多い（**図 1.19**）。そのため，転写された RNA はイントロンも含んだ **mRNA 前駆体**（pre–mRNA）と呼ばれ，**スプライシング**（splicing）という過程を経て，pre–mRNA 中のイントロンが除去され，それ以外の**エキソン**（exon）と呼ばれる領域が 1 本に連結される。一方，原核生物の遺伝子にはほぼイントロンが存在せず，単一エキソンの遺伝子であり，スプライシングもほとんど起こらないという違いがある。1 本に連結された RNA の両端にもタンパク質に翻訳されない領域が存在しており，上流側が **5′ 非翻訳領域**（5′ untranslated region；5′ UTR），下流側が **3′ 非翻訳領域**（3′ untranslated region；3′ UTR），そしてこれらに挟まれたタンパク質に翻訳される領域が**コード領域**（coding sequence；CDS）と呼ばれる。

　ゲノム中には，タンパク質には翻訳されずに転写された RNA の状態で機能

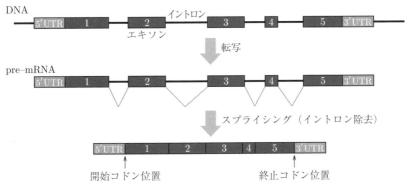

図 1.19　真核生物の遺伝子構造と pre–mRNA の
　　　　　スプライシング

を発揮する領域も存在する。このような RNA は，タンパク質をコードしていないことから非コード RNA と呼ばれ，そのゲノム領域のことを非コード RNA 遺伝子と呼ぶ。このような非コード RNA 遺伝子も生物種によってはゲノム中に非常に多く存在しており，機能的に非常に重要な役割を持つものも数多く知られている。そのため，現在の遺伝子の定義には，タンパク質コード遺伝子だけではなく，非コード RNA 遺伝子も含まれることが一般的である。非コードRNA については，1.5 節で詳しく説明する。

　ゲノム配列は 4 種類の塩基が並んだ文字列であり，例えば，ヒトゲノム配列の 30 億塩基対の文字列を眺めてみても，1 番染色体の塩基配列中の何番目から何番目がどの遺伝子に対応するのかを判断することは困難である。そのため，ゲノム配列が未知の生物のゲノムを DNA シーケンス法によって決定した後，タンパク質コード遺伝子や非コード RNA 遺伝子領域の位置情報をコンピュータによって付加する，ゲノム配列の**アノテーション**（annotation）と呼ばれる工程が必要となる。この遺伝子領域のアノテーションは，バイオインフォマティクスのなかでも古くから重要な問題として認識されている。例えば，配列を決定した新規ゲノム配列に対して，近縁種の既知遺伝子配列に類似した配列を探す（ヒトの既知遺伝子の配列をチンパンジーゲノム中で探すなど）ことにより，種間で保存されている遺伝子を発見する手法など，さまざまなアプローチが存在する。現在，比較的長いアミノ酸配列長を持つタンパク質コード遺伝子のアノテーションは高い精度で行うことが可能である。しかし，長さが数残基から数十残基と短いペプチドを翻訳する sORF（short open reading frame）領域や，種間保存性の低い非コード RNA 遺伝子のアノテーションは現在でも難しい課題である。

1.3.5　ゲノムサイズと遺伝子数

　真核生物であるヒトのゲノムのなかには，何種類のタンパク質コード遺伝子が存在しているのだろうか。原核生物である大腸菌のゲノムサイズは約 460 万塩基対（4.6 Mbp）であり，そのなかには 4 240 種類のタンパク質コード遺伝

子が存在している（表 1.4）。単純に計算すれば，約 1000 塩基対ごとに一つの遺伝子が存在することになり，もしこの割合でヒトの遺伝子があると仮定してその数を計算すると約 300 万種類の遺伝子がヒトゲノム（約 30 億塩基対）のなかに存在することになる。しかし，実際のヒトゲノム中に存在するタンパク質コード遺伝子は約 2 万種類しかなく，ヒトゲノム中にはタンパク質には翻訳されない領域が多く存在している。そのうち最も大きな割合を占めるのが，遺伝子と遺伝子の間の領域（**遺伝子間領域**（intergenic region））に存在するさまざまな種類の**反復配列**（repeat sequence）（ゲノム上において複数回出現する DNA 配列）であり，ヒトゲノムの約 50％を占める（反復配列については 3.1.3 項および 3.1.4 項で説明する）。つぎに多いのは，真核生物の遺伝子内に存在し，スプライシングの過程で除去されるイントロンであり，約 26％程度を占める。一方，タンパク質に翻訳されるゲノム領域（CDS）はわずか 1％程度しかない（図 1.20）[11]。このように一般的にゲノムサイズとタンパク質コード遺伝子の数は関連があまり強くなく，反復配列やイントロンなどの増加に伴ってゲノムサイズが大きくなる傾向がある。従来，タンパク質に翻訳されない反復配列やイントロンは機能的にまったく意味のないジャンク領域であると考えられてきた。しかし近年，これらの領域の多くは，転写されて非コード RNA として機能を発揮したり，あるいは 1.4 節で紹介する転写制御において重要な役割を果

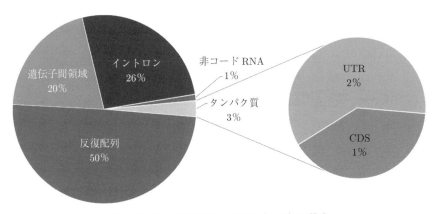

図 1.20　ヒトの参照ゲノム配列（hg38）の構成

たしていることが明らかとなってきたため，現在ではこれらはジャンク領域で
はないと考えられている。

1.3.6　ゲノム配列決定

ゲノム配列は 1.2 節で説明したように，さまざまな DNA シーケンス法を用
いて決定される。しかし，DNA シーケンス法は 1 回の実験で読み取ることが
できる配列長に制限があり，短いものでは数十塩基，長いものでも 100 万塩基
ほどであるため，多くの生物種のゲノム配列は，シーケンス実験から得られる 1
本のリードで染色体の両端まで決定することはできない。一方，イルミナ法に
代表される DNA シーケンス法は，数百塩基程度の短い DNA 配列を数億本か
ら数百億本同時に決定することができる特徴を有する。そのため，長いゲノム
配列を決定する際，多数のゲノム DNA を用意し，それらを短く断片化したも
のをシーケンスすることで，もとのゲノム配列の長さの数十倍に相当する長さ
のリード配列を取得する。このような方法はショットガン法と呼ばれ，現在で
も広く使われる実験法である（**図 1.21**）。多数のリード配列に基づいてゲノム

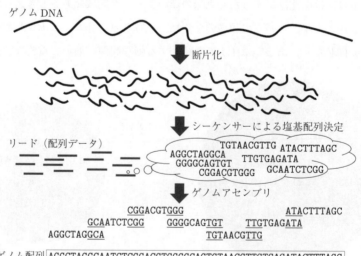

図 1.21　ショットガン法によるゲノム配列決定

配列を復元することは，**ゲノムアセンブリ**（genome assembly）と呼ばれ，バイオインフォマティクスのなかでも難易度の高い問題の一つとして知られている。ゲノムアセンブリの一つのやり方としては，リード配列に存在する部分的に共通した配列を目印として，リード配列どうしをつなぎ合わせることで，ゲノム配列の復元を行う方法が知られている。

　ゲノムアセンブリを困難にしている原因の一つとして，ゲノム配列中にほぼ同一の配列が何度も出現する反復配列の存在が挙げられる。配列長が長い反復配列も多く，反復単位として1000塩基を超えるような配列がゲノム中に何度も出現することも珍しくない。そのため，イルミナ法など短いリード長しか得られないシーケンス法を利用した場合，反復配列の断片配列のみがシーケンスされることが多くある。よって，例えばゲノム配列中の1万ヶ所に出現する反復配列中の部分的な断片配列が得られたとしても，その断片配列がゲノム中のどこの位置の反復配列に由来しているのかを推測することは困難であり，適切なつなぎ合わせを行うことができない。このように反復配列を含んだゲノム配列をすべて決定することは困難であり，多くの参照ゲノム配列では未決定の部分が存在する。ただし現在，比較的長く読み取ることができるシーケンス法（パックバイオ法やナノポア法）を利用することで，反復配列をまたがった長いリード配列を得ることができるため，反復配列の影響を大きく軽減させることが可能となってきている。未決定の部分はあるが，ゲノム配列の大枠が決定されているゲノム配列はドラフトゲノムと呼ばれ，完全に決定されているゲノム配列はコンプリートゲノムと呼ばれる。

　近年まで，コンプリートゲノムが決定されているのは，反復配列がほとんど存在しない微生物だけであり，真核生物の参照ゲノム配列はすべてドラフトゲノムである（ただし，未決定領域が非常に少ない場合はコンプリートゲノムと呼ばれていることもある）。最もゲノムの配列決定が進んでいるヒトの参照ゲノム配列においても，すべての染色体の端（テロメア）から端まで塩基配列が決定されているわけではなく，2013年に公開され，現在でも広く使われているhg38（GRCh38）という参照ゲノム配列のなかにも未解読の領域が約5％ほど残

されていた。ところが，2020年に入ってから Telomere–to–Telomere（T2T）
と呼ばれる国際コンソーシアムが，完全な X 染色体の配列を発表したのを皮切
りに[12]，多くの染色体の完全な塩基配列を決定し，2020年9月には，五つの
常染色体中の反復配列[†1]を除き，ほぼ完全なヒトゲノム配列を公開した。さら
に 2022 年には残されていた五つの反復配列も決定し，完全なヒトゲノム配列
を公開した[13]。T2T コンソーシアムがコンプリートゲノム配列を決定できた
大きな理由は，上述したパックバイオ法やナノポア法を適切に活用したことに
ある。このような研究状況を踏まえると，今後真核生物においても多くのコン
プリートゲノムが決定されていくことになると考えられる。

1.3.7 ゲ ノ ム 編 集

ある遺伝子が生物においてどのような機能を果たしているかを理解したいと
きは，その遺伝子を破壊した際に生物の形質がどのように変化するかを調べれ
ばよい。例えば，通常であれば赤い花を咲かせる生物が，特定の遺伝子を破壊
すると花の色が白くなったのであれば，その遺伝子の機能は花の色を赤くする
ことに関連していると結論づけることができる。このような研究手法は**遺伝子
ノックアウト**（gene knockout）と呼ばれる。なお，ゲノムに新たに遺伝子を導
入することは遺伝子ノックイン，遺伝子を破壊はしないが転写や翻訳を抑制す
ることを**遺伝子ノックダウン**（gene knockdown）と呼ぶ[†2]。最初に遺伝子ノッ
クアウトマウスがつくられたのは 1989 年のことである（ノックアウトマウス
の開発については，2007 年，カペッキ（Mario Renato Capecchi），エヴァン
ズ（Martin John Evans），スミティーズ（Oliver Smithies）の3人にノーベ
ル生理学・医学賞が贈られている）。しかしながら，彼らの確立したノックアウ
トマウスの作成手法は胚性幹細胞（ES 細胞）と呼ばれる特殊な細胞や複数回の

[†1]　13, 14, 15, 21, 22 番染色体上に存在する rRNA 遺伝子の反復配列である。
[†2]　これらの技術を活用して遺伝子の機能を研究する方法は逆遺伝学と呼ばれる。これは，
　　まず特徴的な形質を先に見つけてきて，その形質を引き起こす遺伝子を特定するという
　　従来の遺伝学（順遺伝学と呼ばれる）とは研究の流れが逆であるためだが，遺伝情報の
　　流れから考えると順遺伝学こそが「逆」である。

世代交代が必要であり，高度な技術や時間がかかるため，さまざまな生物に対して簡便に適用することは難しかった[†1]。

　ゲノム編集（genome editing）とは，従来のノックアウトマウスの作成手法に比べてはるかに簡便にゲノム配列を改変する技術である（すなわち，ES 細胞のような特殊な細胞を必要とすることもなければ，複数回の世代交代を待つ必要もない）。この手法では，対象とする塩基配列を特異的に認識して切断する分子を作成して塩基配列を切断した後，生物に内在している DNA の修復機構を利用して遺伝子ノックインやノックアウトを行う。この技術において鍵となるのは，どのようにして対象とする配列を特異的に認識するかという点にある。ゲノム編集技術の黎明期に開発された技術である ZFN や TALEN といったタンパク質を用いた技術は，特定の塩基配列を認識させるタンパク質を設計し，そのタンパク質と塩基配列の結合に基づいてゲノム編集を行う。しかし，これらの手法は多様な生物に利用できるものの，そのようなタンパク質を設計するのにはまだ煩雑な実験手順を必要とするという問題点があった。2012 年に発表された**CRISPR–Cas9** 技術[†2]は，ZFN や TALEN とは異なり，特定の塩基配列を認識させる RNA を設計し，RNA と DNA の相補鎖結合を利用してゲノム編集を行う手法であり，実験的にたいへん簡便であるため，世界的に爆発的に普及することとなった[14]。現在では，基礎科学にとどまらず，品種改良や医療応用などの実学においても幅広く利用される技術となっている。なお，CRSIPR–Cas9 によるゲノム編集技術を開発したシャルパンティエ（Emmanuelle Charpentier）およびダウドナ（Jennifer Doudna）は，2020 年にノーベル化学賞を受賞している。

　ここで，CRISPR–Cas9 技術の仕組みについて解説する。CRISPR–Cas シ

[†1] 多様な生物で容易に遺伝子ノックダウンを行う技術である RNA 干渉（RNA interference；RNAi）が発見されたのは 1998 年のことである。例に漏れず，RNA 干渉を発見したファイアー（Andrew Zachary Fire）とメロー（Craig Cameron Mello）は 2006 年にノーベル生理学・医学賞を受賞している。

[†2] CRISPR とは，clustered regularly interspaced short palindromic repeat の略である。クリスパー・キャスナインと発音されるが，英名で表記するのが一般的であるため本書では英名で表記する。

ステムとは本来，ウイルス感染を防ぐために微生物が持つ免疫機構であった。
微生物のゲノム中の CRISPR 座位は，Cas[†1]遺伝子群，リーダー配列，リピー
ト・スペーサー配列（CRISPR)[†2]から構成されている。リピート・スペーサー
配列では，多様なスペーサー配列が同一のリピート配列に挟まれる形の構造が
繰り返されており，このスペーサー配列は過去にその微生物に感染したウイル
スのゲノム配列の一部からなっている（図 1.22）。

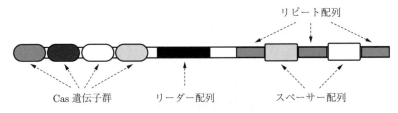

図 1.22 微生物ゲノムにおける CRISPR 座位

具体的には，このスペーサー配列はウイルスゲノム内の任意の配列ではなく，
PAM 配列と呼ばれる数塩基の短い配列の上流数十塩基の配列となっている。
PAM 配列は微生物の種類や Cas の種類によって異なるものの，ゲノム編集技
術で広く使われる化膿レンサ球菌の Cas9 タンパク質の場合，NGG という 3 塩
基の配列である（N は四つの塩基のうちどれでもよい）。そして，再びそのウイ
ルスが微生物に感染すると，スペーサー配列から転写された RNA がウイルス
DNA を認識して結合し，Cas9 が PAM 配列と相補的 RNA–DNA 結合を認識
し，その DNA を切断することでウイルスの感染を防ぐという仕組みとなって
いる（図 1.23）。

CRISPR–Cas9 技術ではこの微生物の免疫機構を生物工学的に利用する。ま
ず，切断したい配列の相補配列を含む guide RNA（gRNA）と呼ばれる RNA
と Cas9 を導入する。このとき，gRNA の一部は PAM 配列の上流の DNA 配列
と相補鎖になるように設計するものとする。すると，gRNA が対象とする DNA
配列を認識して結合し，Cas9 がその結合と PAM 配列を認識することで，標的

[†1] CRISPR–associated の略である。

[†2] CRISPR 配列自体は，1987 年に石野良純 氏（現 九州大学教授）により発見された[15]。

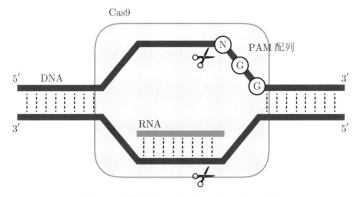

図 **1.23**　微生物の CRISPR–Cas システム

配列が切断されることとなる。その後，DNA の修復機構が働き，遺伝子のノックインやノックアウトが行われる。

　CRISPR–Cas9 技術を適用するにあたっては，本来編集したかったゲノム領域とは異なる領域を誤って切断してしまう可能性に注意しなければならない。これは，編集したい領域の塩基配列と同一の（あるいはよく似た）配列がゲノム上にほかにも存在する場合，gRNA が本来の意図とは異なる領域とも相補的結合を形成してしまうため，結果複数の領域でゲノム編集が起こってしまう可能性があるためである。このような効果は**オフターゲット効果**（off-target effect）と呼ばれ，ゲノム編集を利用した実験結果を解釈する上で特に注意を払う必要がある。オフターゲット効果を回避するためには，gRNA を設計する際に，対象とする遺伝子の DNA 配列のなかで，ゲノム中にはほかに類似配列が存在しない領域と相補鎖を組むように設計する方法が考えられるため，そのような設計を支援するソフトウェアが開発されている[16]。

　CRISPR–Cas9 技術では，Cas9 タンパク質を別の Cas タンパク質に変更することで，より多様なゲノム操作が可能となる。例えば Cas13 タンパク質はDNA を切断することはできない代わりに RNA を切断できるタンパク質であるため，これを利用して mRNA や非コード RNA を切断することで，ゲノムの編集を行わずとも遺伝子機能を阻害することが可能となる[17]。また，dCas9 （dead Cas9）タンパク質は，標的への結合能を保持したまま DNA の切断能だけを失ったタンパク質である。この特性を利用して，例えば特定の遺伝子のプロモーターに dCas9 を結合させると，転写開始前複合体のプロモーターへの結合を妨げることで遺伝子の転写を阻害することが可能となる。このような技術を **CRISPR 干渉**（CRISPR interference；CRISPRi）と呼ぶ（**図 1.24**）。また，ほかの応用例としては，dCas9 と転写活性化因子を融合させ，その上で dCas9 をプロモーター上流などに結合させると，転写活性化因子の影響で下流の遺伝子の転写を活性化させることができる。このような技術は **CRIPSR 活性化**（CRISPR activation；CRISPRa）と呼ばれる。

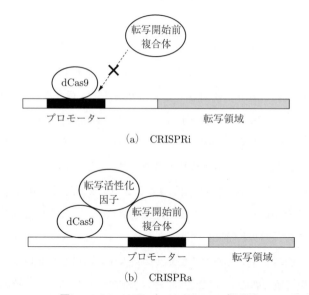

(a)　CRISPRi

(b)　CRISPRa

図 1.24　CRISPRi と CRISPRa の概略図

　ゲノム編集技術の解説の最後に，倫理的な問題について言及する。先に述べたとおり，ゲノム編集は医療応用にも強い期待を寄せられている。例えばある遺伝子が正常に動作しないため病気になってしまっている人に対し，ゲノム編集により遺伝子を正常にすることで病気を治癒することが可能であると期待される。さらには受精卵段階でゲノム編集を行うことにより，将来高い確率でか

かる遺伝子疾患をあらかじめ治療したりすることが可能となる[†1]。一方，受精卵段階でのゲノム編集では，「子どもの顔を美形にしたい」などの疾患ではないことがらについても，望ましい形質に変更したりすることが可能となるかもしれない。もちろん，遺伝子と形質の関係は一般には非常に複雑な関係性であるため，望ましい形質を得るためには遺伝子をどう編集すればよいかは現時点ではほとんど理解されていないが，将来的にはそのようなことが理解される可能性もある。2018年には，中国のある研究者がゲノム編集を行った受精卵から子どもを誕生させたと報告して，世界的に多くの反響と非難を呼んだ（当該研究者は，倫理審査書類を偽造した罪などに問われ，懲役刑が判決された）。2021年現在，受精卵へのゲノム編集技術は国際的に認可されない方針となっており，今後社会においてさまざまな議論が必要である。

1.4　エピゲノムと転写制御

これまでに解説してきたように，ゲノムはその生物の持つ遺伝情報の総体である。生物種ごとにそのゲノムは異なっており，また同一種内であっても別個体間ではゲノムには違いが見られる。生物種間や同一種内の個体間で形質が異なるおもな原因は，そのもととなるゲノムに違いが存在するためであるといえる。すると逆に，同一個体の別細胞は（一部の例外を除き[†2]）ほぼまったく同じゲノムを持つため，その機能や形態が同じなのではないかという推測が立てられる。しかしこの推測は，例えば同一人物の筋細胞と神経細胞は機能・形態がまったく違うことからして，明らかに正しい推測ではない。なぜ同一のゲノム情報を持つ細胞がまったく異なる形態・機能をとるのだろうか。

[†1] 個人のゲノムを調べることで，当人が将来かかりやすい病気を調べることは現時点でも可能である。例えば女優のアンジェリーナ・ジョリーは遺伝子検査の結果 BRCA1 遺伝子に変異が見つかり，今後高い確率で乳がんとなる可能性があることを診断されたため，予防のため乳腺を切除した。ただし，疾患にかかるかどうかは断定的に予測できるものではなく，生活習慣や運なども作用するため，非常に限られた一部の疾患を除いては傾向や確率しか予測することはできない。

[†2] 1.3.3 項参照。

それはゲノムに含まれる遺伝子が「いつ」,「どの程度」機能するかが, 細胞ごとに異なっているためである。また同一細胞であっても, 例えば熱などのストレスが加わった場合には, どの遺伝子が機能するかは大きく変化する。どの遺伝子がどの程度機能するかを調節する仕組みは, **遺伝子発現制御機構** (gene regulatory mechanism) と呼ばれる。遺伝子発現制御機構の解明はゲノム配列決定後のゲノム生物学における中心的な研究課題であり, まだ十分に理解されていない点も多い。遺伝子発現制御機構は調節の時期に応じて, **転写制御** (transcriptional regulation) と**転写後制御** (post-transcriptional regulation) の二つの段階に分けられる。本節では前半の転写制御について紹介を行い, 転写後制御については次節で解説を行う。なお, 遺伝子発現制御機構は原核生物と真核生物では大きく異なっているが, 本節では特に断りのない限り真核生物の遺伝子発現制御機構について解説する。

1.4.1 転 写 因 子

1.1 節で解説したとおり, ゲノム内の遺伝子領域上流にはプロモーターと呼ばれる領域が存在し, そこに RNA ポリメラーゼを含む転写開始前複合体が結合することで下流の遺伝子が転写される。生物はこの転写開始前複合体に含まれる基本転写因子とは別に, **転写因子** (transcription factor;TF) と呼ばれる DNA 結合タンパク質を保有しており, この転写因子がプロモーターに結合するか否かが転写制御に大きく関わっている。具体的には, 転写因子はメディエーターと呼ばれるタンパク質と物理的に相互作用することができ, またメディエーターはさらに転写開始前複合体と物理的に相互作用することができる。そのため, 転写因子がプロモーターに結合すると転写因子–メディエーター–転写開始前複合体というタンパク質間相互作用の連続により, 転写開始前複合体がプロモーターに結合し, その結果転写が活性化されるという仕組みになる（図 **1.25**）。

一つの転写因子は多数のゲノム領域と結合可能であり, その結果多数の遺伝子の転写を活性化させる。逆に, その転写因子が発現しなくなった場合, その

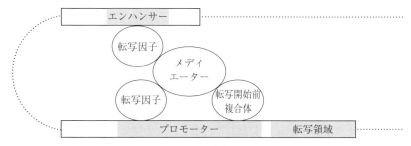

図 1.25 転写因子による遺伝子発現制御の仕組み

制御下にある多数の遺伝子の転写が抑制されることとなる。また，異なる転写因子は異なるゲノム領域と結合するため，発現が制御される遺伝子群は転写因子ごとに異なることとなる。よって，転写因子の遺伝子発現を制御することで，遺伝子発現の全体的なプロファイルを大きく調節することが可能である。なお転写因子はゲノムの座標で見てプロモーターから遠く離れた場所に結合しても遺伝子発現制御に影響を与えることがあり，そのような結合領域は**エンハンサー**（enhancer）と呼ばれる。これは DNA 配列は実際には 3 次元的に折れ曲がった構造をしており，ゲノムの座標で見て遠い位置に存在しても物理的には近傍となることがあるので，上述した物理的なタンパク質間相互作用を通した転写制御が可能となるためである（図 1.25）。

　転写因子はヒトゲノム中に 1 000 個以上と多数存在しているが，ここでは転写因子の例として，山中因子と呼ばれる四つの遺伝子（Oct3/4，Sox2，Klf4，c–Myc）を紹介する。ヒトの細胞には筋細胞や神経細胞などさまざまな細胞が存在するが，これらの細胞は自由自在にほかの細胞へと変化することができるわけではない。細胞の変化のプロセスは**細胞分化**（cell differentiation）と呼ばれるが，じつは動物の細胞分化では，細胞がどの細胞に分化するかという分化の方向性は決まっており，ある細胞が別の細胞に分化するともとの細胞に戻ることはできないという特徴がある。そのため，皮膚表皮細胞のような分化の最終段階にあたる細胞は，一般的にはほかの細胞へと分化することはできない。しかし上述の山中因子を細胞に導入することで，分化能力を持たなかった細胞

から，多様な細胞に分化する能力を持った細胞を作成することができることが山中伸弥 氏により発見された[18]。このようにしてつくられる細胞は iPS 細胞と呼ばれ，臓器移植などの再生医療への応用が強く期待されている（山中伸弥氏は 2012 年にノーベル生理学・医学賞を受賞した）。その仕組みとしては，山中因子を体細胞に導入することで，普段の体細胞では発現が低下している多能性獲得のための遺伝子が発現するようになり，その結果 iPS 細胞への変化が起こると考えられている。

　特定の細胞において，各転写因子がゲノム上のどの領域に結合するかを調査する実験手法として，**ChIP–seq 法**（chromatin immunoprecipitation sequencing）が挙げられる[19]（**図 1.26**）。この方法ではまず細胞にホルムアルデヒドなどを加えることで，転写因子とそれが結合している DNA の間の結合を固定する。具体的には，DNA とタンパク質は静電相互作用や水素結合などの非共有結合により結合している（2.4.2 項参照）が，これを共有結合で架橋（クロスリンク）することで結合力を高める。その後細胞から DNA を抽出し，さらに DNA を

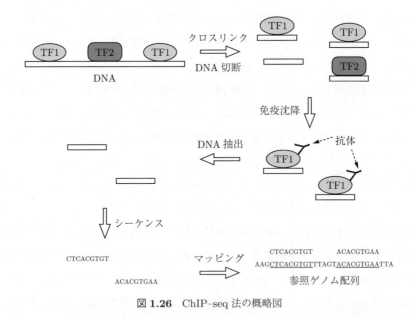

図 1.26　ChIP–seq 法の概略図

超音波などで切断すると，目的とする転写因子が結合している DNA 断片と結合していない DNA 断片ができる。ここで目的とする転写因子に特異的に結合する抗体タンパク質を加えると，転写因子とその抗体が結合して不溶となるため，転写因子が結合している DNA 断片が沈殿物となる（抗体はもともと免疫系における分子であることから，この反応を免疫沈降反応という）。この沈殿物を回収し DNA 抽出処理を行うと，タンパク質である転写因子は除かれ DNA 分子のみが残るため，それをシーケンサーで配列決定することで，転写因子が結合していた DNA 配列を知ることができる。最後に，得られた DNA 配列と参照ゲノム配列を比較し，その DNA 配列が参照ゲノム配列のどの位置に存在するかを調べることで，ゲノム配列上の転写因子の結合部位を同定することができる。なお，このようにしてリード配列の参照ゲノム配列上の位置を同定する解析は**マッピング**（mapping）と呼ばれる。

　ChIP–seq データ解析のための重要なバイオインフォマティクス技術として，**配列モチーフ**（sequence motif）発見が挙げられる（**図 1.27**）。転写因子は，DNA にランダムに結合するのではなく，制御領域に含まれている特定の DNA 配列を認識して結合することで，対象遺伝子群の適切な制御を行う。その認識される DNA 配列は配列モチーフと呼ばれ，異なる転写因子は異なる配列モチーフを認識する。例えば，マウスの体内時計の制御を司る転写因子である CLOCK タンパク質は，CACGTG と呼ばれる配列モチーフを認識する[20]。実際のデータ解析の上では，対象とする転写因子がどのような配列モチーフに結合するか

配列データセット

1. ATCGTAGCT**CACGTG**TTTACCGTCTA

2. ATT**CACGTG**TGACCCATGGCGCCATC

3. TGTGAATTACCTTCTT**CACGTG**CGGA

4. GGAACGATCTCGGTA**CACGTG**TCCGT

5. CGTAGCTTACGCGAACTATCCGATAC

6. **CACGTG**GAACCCTGGCTGAGTTCAAG

モチーフ抽出 → CACGTG

図 1.27 配列モチーフ発見の概略図

は未知のことがあるため，ChIP–seq データの解析からこのような配列モチーフを検出することは，重要な研究課題である。配列モチーフ発見は，バイオインフォマティクスで長年研究されている課題であり，例えば EM アルゴリズムを利用した検出手法である MEME などが広く利用されている（EM アルゴリズムの詳細については，本シリーズの『生物統計』を参照いただきたい）[21]。

1.4.2　クロマチン構造

1.3.1 項で紹介したとおり，ヒト染色体の DNA 分子は折り畳んで核のなかに格納されているが，この折り畳みはランダムに行われるのではなくある程度規則的に行われている。そして，エンハンサーの例などにあるとおり，この折り畳みの構造は遺伝子発現に大きな影響を与える。本項では，その折り畳みシステムについて基本的な説明を行う。

まず，DNA 分子はヒストンに巻きついて存在しており，コアヒストンタンパク質の周りに DNA 分子が巻きついた構造であるヌクレオソーム構造が繰り返されることで染色体が構成されている（1.3.1 項参照）。核内に存在する，この DNA とヒストンタンパク質の複合体は総じて**クロマチン**（chromatin）と呼ばれる。クロマチン構造は，ヌクレオソームを基本単位として階層的に構成されている。先に説明した，エンハンサーとプロモーター間の相互作用に見られるループ構造はクロマチンループと呼ばれ，およそ 10 kbp 程度の小規模な構造である。このクロマチンループなどの小規模な構造がさらに集まってできた構造が**トポロジカル関連ドメイン**（topologically associated domain；TAD）と呼ばれる 100 kbp から 1 Mbp 程度の構造である[22]。TAD の内部では多くの物理的な相互作用が生じる一方，TAD をまたがった相互作用は少ないこと，また TAD 内では遺伝子発現パターンが類似することから，TAD は機能的なドメイン構造に対応すると考えられている。この TAD がさらに複数集まって A/B コンパートメントを形成する（転写が活発な TAD の集合を A コンパートメント，転写があまりされない TAD の集合を B コンパートメントと呼ぶ）。さらに A/B コンパートメントが多数集まることで最終的な染色体が構成されている。

　クロマチン構造の分類として，分子の密集度合に応じて**ユークロマチン**（eu-chromatin）と**ヘテロクロマチン**（heterochromatin）の二つに分けることも行われる（**図 1.28**）。ユークロマチンとはヒストン分子がそれほど密集していない領域であり，比較的緩んだ構造になっている領域である。そのため転写因子や RNA ポリメラーゼなどのタンパク質が DNA に接近することが可能であり，その結果，遺伝子発現が盛んに行われる領域でもある。逆にヒストン分子が密集した領域のことをヘテロクロマチンと呼び，転写因子などが DNA に近づけないため遺伝子発現が抑えられている。染色体の中心部であるセントロメアや末端であるテロメア，またヒトの Y 染色体の大半などは，ほぼすべての細胞においてヘテロクロマチン構造となっている（これらの領域にはほとんど遺伝子は存在していない）。一方で細胞ごとに特異的にヘテロクロマチン化する領域も存在し，それは遺伝子発現制御システムの一部を担っている。このようなクロマチン構造を変化させる機構は，**クロマチンリモデリング**（chromatin remodeling）と呼ばれる。

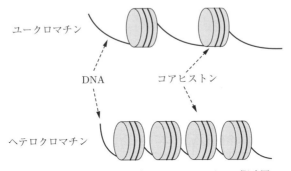

図 1.28　ユークロマチンとヘテロクロマチンの概略図

　クロマチン立体構造をゲノムワイドに観測する手法としては，**3C 法**（3C methods；chromosome conformation capture）やその発展である **Hi–C 法**（Hi–C methods）といった，高速シーケンサーを利用した手法が開発されている[23]（**図 1.29**）。これらの方法では，まず細胞にホルムアルデヒドなどを加えることで，ループ構造を形成させているタンパク質と DNA 間の結合を固定する。

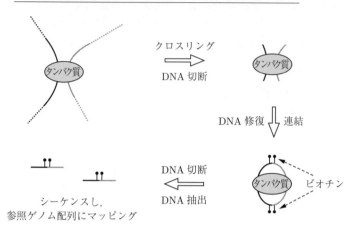

図 1.29 Hi–C 法の概略図

その後 DNA を切断すると，一つのタンパク質に二つの DNA 鎖（この二つはゲノム配列的には遠い可能性があるが，物理的には近接している）が結合している状態となる。そしてこの DNA 鎖の末端を，ビオチン修飾塩基により修復し，連結することで一つの環状 DNA とする。その後環状 DNA を切断し，ビオチン修飾塩基を含む DNA 分子だけを抽出，その得られた DNA をシーケンスする。その DNA 配列はゲノム上の遠く離れた二つの領域が結合した配列となっているが，少し工夫して参照ゲノム配列にマッピングすることで，もとのゲノムのどの領域に由来するかがわかる。すなわち，物理的に近接しているゲノム領域のペアがわかるため，その情報を高速シーケンサーにより大量に取得することで，クロマチンの全体的な立体構造を再構築することが可能となる。また，ChIP–seq 法と 3C 法を組み合わせた手法である **ChIA–PET 法**（chromatin interaction analysis using paired–end tag sequencing）を用いることで，特定のタンパク質が形成しているループ構造のみを検出することも可能である。

また，ゲノム中のオープンクロマチン領域（構造が緩んでおり転写因子などが結合可能な領域，クロマチンアクセシビリティが高い領域ともいわれる）を観測する手法として，**ATAC–seq 法**（assey for transposase accessible chromation sequencing）が開発されている[24]（**図 1.30**）。ATAC–seq 法では，Tn5 トラン

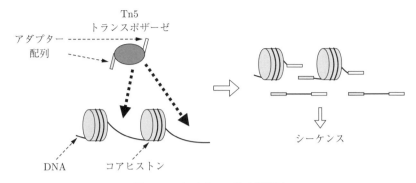

図 **1.30**　ATAC–seq 法の概略図

スポザーゼと呼ばれるタンパク質を利用する。このタンパク質はオープンクロマチン領域に接近すると，その DNA を切断し，もともとトランスポザーゼに結合していたシーケンス用のアダプター配列をゲノムに結合させることができる（このステップは「セグメンテーション」と「タグ」をかけてタグメンテーションとも呼ばれる）。そして得られた DNA 分子を増幅してシーケンスすることで，トランスポザーゼがタグメンテーションを行えた領域，すなわちオープンクロマチン領域を同定することが可能となる。

1.4.3　ヒストン修飾とヒストンバリアント

前項では，クロマチン構造が遺伝子発現に大きな影響を与えることを紹介した。本項ではそのクロマチン構造を制御する要因として最も重要な，ヒストン修飾機構について紹介する。ヒストン修飾とはその名のとおりヌクレオソームを構成するヒストンタンパク質が化学的な修飾を受けることであり，その結果クロマチン構造が変化して転写が活性化されたり抑制されたりする。ヒストン修飾の重要な性質として，細胞分裂を超えてそのパターンが継承される（つまり，分裂前の細胞と分裂後の二つの細胞はほぼ同じヒストン修飾パターンを持つ）ことが挙げられる。よって，例えば肝細胞が細胞分裂した後でも，分裂後の細胞は二つとも同様のヒストン修飾パターンを示し，その結果，遺伝子発現パターンが同様となるため，肝臓という組織としての遺伝子発現パターンの一貫性を保

つことができる。このような，DNA 塩基配列の変化を伴わないが細胞分裂を超えて維持される遺伝子発現制御機構のことを**エピジェネティクス**（epigenetics）と呼び，全ゲノムにおける網羅的なエピジェネティクス情報のことを**エピゲノム**（epigenome）と呼ぶ。エピジェネティクスの代表例が，クロマチン構造とヒストン修飾機構，そしてつぎに紹介する DNA メチル化機構である。エピゲノム情報解析の詳細については，本シリーズ『エピゲノム情報解析』を参照いただきたい。

ヒストン修飾には**ユビキチン化**や**メチル化**（methylation），**アセチル化**（acetylation）などさまざまな種類の修飾が存在するが，本書では特に研究の進んでいるヒストンアセチル化修飾について詳しく紹介する。まずヒストンアセチル化はクロマチン構造を緩めて転写の活性化を促す効果を持つ。これは，正に帯電していたヒストンがアセチル化により中和され，負に帯電している DNA との結合力が低下するためである。また同時にアセチル化されたヒストンは基本転写因子と結合能を持つため，転写開始前複合体がアセチル化されたヒストン周辺に存在しやすくなり，転写が活性化される。

エピジェネティクスに関わる因子の機能として，Writer, Reader, Eraser という三つの要素が存在する。Writer とはゲノムに新たなエピジェネティック情報を加える因子であり，ヒストンアセチル化修飾においてはヒストンアセチルトランスフェラーゼ（HAT）がそれにあたる。また Reader とはゲノムに書かれたエピジェネティクスの情報を読み出す因子であり，ヒストンアセチル化では上記の基本転写因子などが該当する。最後に Eraser とはエピジェネティクスの情報を消去する因子であり，この場合はヒストンデアセチラーゼ（HDAC）という酵素がそれにあたる。

ヒストンを構成するアミノ酸すべてが修飾を受ける可能性があるわけではなく，修飾を受ける可能性のあるアミノ酸はあらかじめ決まっている（ただし，四つあるコアヒストンすべてのタンパク質が修飾を受ける可能性がある）。どのヒストンのどのアミノ酸がどのような修飾を受けているかという情報を表すために，H3K9ac という表記がなされることがある。これは，H3 タンパク質の N

末端から数えて9番目のアミノ酸であるK（リシン）が，アセチル化の修飾を
受けるといった表記となる（**図1.31**）。

リシン　　　　　　　　　　　　　　　アセチル化リシン

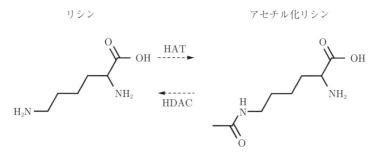

図 1.31　リシンのアセチル化

ヒストンアセチル化ではどのアミノ酸が修飾を受けてもその機能はほぼ転写
活性化であると考えられているが，修飾によってはその修飾を受けるアミノ酸
の違いによって機能が異なることがある。また各ヒストンは単独の修飾のみを
受けるのではなく，複数の修飾を同時に受けることがあるために，その機能が
より簡単には捉えられなくなる。各ヒストン修飾やその修飾の組合せが持つ機
能は**ヒストン暗号**（histone code）と呼ばれ，その機能解明に向けた研究が進
められている[25]。ChromHMM法はヒストン暗号を解明するためのバイオイン
フォマティクス手法であり，ゲノムワイドに得られたヒストン修飾の観測情報
を入力として，隠れマルコフモデルによってヒストンの修飾パターン（クロマ
チン状態）をモデル化する[26]。実データ解析の結果，ChromHMMによるヒス
トン修飾パターンのクラスタリングは既存のゲノムの機能と高い相関を得たこ
とから，ChromHMM法はヒストン修飾データ解析において広く利用されてい
る。なおゲノムワイドなヒストン修飾のオミクス情報は，転写因子の結合部位
を同定する手法と同様に，ChIP–seq法を用いることで測定することができる。
すなわち，修飾されたヒストンに特異的に結合する抗体タンパク質を利用して
ChIP–seq法を行うことで，その修飾されたヒストンがゲノム上のどの位置に
存在するかを調べることが可能である。

ヒストン修飾は，もととなるヒストンタンパク質は共通であるが修飾によって機能が変化するという事象であったが，もととなるヒストンタンパク質そのものが変化することで機能が変化する事例も知られている。そのようなタンパク質はヒストンバリアントと呼ばれ，数アミノ酸のみが変化しているバリアントから，ほかのタンパク質と結合するためのドメイン（2.3.3 項参照）が付加されるほど大きく変化しているバリアントまで存在している[†1]。また，4 種類のコアヒストンタンパク質すべてにヒストンバリアントが存在する[†2]。例えば，H2BFWT は精巣特異的に発現する H2B のヒストンバリアントであり，また CENP–A は細胞分裂のある特定の時期に取り入れられ，染色体中心部のセントロメアにのみ局在する H3 のヒストンバリアントである。ヒストン修飾と同様に，ヒストンバリアントの情報も，ChIP–seq 法により測定することができる。

1.4.4　DNAメチル化

DNA メチル化（DNA methylation）とは，DNA のアデニン（A）またはシトシン（C）がメチル化修飾を受け，メチルアデニンおよびメチルシトシンとなることをいう[27]（図 1.32）。DNA メチル化自体は，細菌から植物，動物とさまざまな生物種で見られるが，DNA メチル化の生物学的役割や DNA をメチル化するためのシステムなどは種によって大きく異なる。例えば，脊椎動

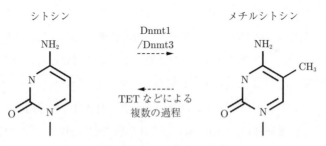

図 1.32　シトシンのメチル化

[†1]　ヒストンバリアントは，通常のヒストンタンパク質のスプライシングバリアント（1.5.2 項参照）としてではなく，異なる遺伝子として存在している。

[†2]　コアヒストンタンパク質のうち H4 は長い間ヒストンバリアントが報告されていなかったが，2019 年に H4 にもヒストンバリアントが発見された[28]。

物でメチル化されるシトシンは，C と G が二連続して現れる CpG 領域にほぼ限られる（ここで p はヌクレオチド間のリン酸を介した結合を意味する）のに対し，植物ではより多様な領域の C がメチル化される。本書では，特に研究の進んでいる脊椎動物のシトシンメチル化とその転写制御における役割について概要を紹介する。

まず DNA メチル化の生物学的な意義を解説する。すでに紹介したとおり，遺伝子の上流に存在するプロモーターに転写因子が結合することで下流の遺伝子が転写される。このとき，もしプロモーターの DNA がメチル化されていれば，下流の遺伝子の転写が抑制されるという性質を持つ。一方，遺伝子領域の DNA がメチル化されている場合，プロモーターの場合とは逆に，その遺伝子は転写が活発になるという性質を持つ。また，先に紹介したとおり DNA メチル化もエピジェネティックな性質を持っており，細胞分裂後もそのメチル化のパターンが維持される。

プロモーターの DNA メチル化が遺伝子の転写を抑制する分子機構として，つぎの二つのメカニズムが知られている。一つ目は，DNA がメチル化されていなければ制御領域に結合できる転写因子が，DNA がメチル化される（塩基が物理的に変化する）ことで，制御領域に結合できなくなることである。そのため，下流の遺伝子の転写は当然抑制されることになる。二つ目は，DNA メチル化領域がメチル化 DNA 結合タンパク質と結合することである。メチル化 DNA 結合タンパク質はさらにヒストン脱アセチル化酵素と相互作用することで，ヒストンの脱アセチル化に伴うヘテロクロマチン化を引き起こし，その結果遺伝子の転写が抑制されることとなる。一方，遺伝子領域の DNA メチル化が遺伝子の転写を促進する理由はまだはっきりとはわかっていない。

DNA メチル化における Writer には，細胞分裂において母細胞から娘細胞へメチル化情報を維持するための維持メチル化酵素 Dnmt1 と，新しい領域にメチル化を引き起こす新規メチル化酵素 Dnmt3 がある。また上記のメチル化 DNA 結合タンパク質が Reader にあたり，TET（ten–eleven translocation）という酵素が Eraser にあたる。TET は 5–メチルシトシンから 5–ヒドロキシメチル

シトシンを生成し，5–ヒドロキシメチルシトシンはその後いくつかの過程を経てシトシンへと戻る。

DNA メチル化をゲノムワイドに計測する手法として，**バイサルファイトシーケンス法**（bisulfite sequencing）が挙げられる[29]（**図 1.33**）。この方法では，DNA をバイサルファイト（重亜硫酸塩）で処理すると，メチル化されていないシトシンは即座に反応が起こりウラシルに変化する（シーケンサーでは T として読まれる）のに対し，メチルシトシンはただちには反応が起こらず変化しない（シーケンサーでは C として読まれる）ことを利用する。よってバイサルファイト処理した DNA 配列をシーケンスし，得られた配列を参照ゲノム配列にマッピングし，そして参照ゲノム配列から変化していないシトシンを検出することで，メチル化された DNA を網羅的に検出することができる（このような研究はメチロームとも呼ばれる）。また近年では，1.2.4 項で説明したように，第三世代の塩基配列決定法であるパックバイオ法やナノポア法を利用して，シーケンスの段階で DNA メチル化を検出する手法もよく利用されている。

図 1.33　バイサルファイトシーケンス法による
メチルシトシンの検出

DNA メチル化解析のために重要なバイオインフォマティクス技術として，メチルシトシンの同定と**メチル化変動領域**（differentially methylated region；DMR）の検出の二つが挙げられる。一つ目は，先に説明したバイサルファイトシーケンス法により得られた配列から，メチルシトシンを検出する技術である。この技術に特に求められる工夫として，参照ゲノム配列にマッピングする際，参照ゲノム配列とは異なる塩基が多く含まれることとなるため，その上でもなお感度高くかつ高速にマッピングすることが挙げられる[30]。二つ目は，二つの異なるサンプル（例えば筋肉と肝臓など）においてゲノムワイドな DNA

メチル化情報が得られた後，サンプル間においてメチル化の度合いが異なっている領域（上述の DMR）を検出する手法である。DNA メチル化は遺伝子発現を制御するので，もしあるプロモーターが DMR であったならば，片側の組織に特異的な遺伝子の発現はその領域のメチル化によって引き起こされていると推測できる。DMR の検出手法としては，仮説検定や隠れマルコフモデルに基づく手法が開発されている[31]。

1.4.5　ゲノムインプリンティングと X 染色体不活化

本項ではまず，エピジェネティクスが関与する分子機構の代表例として，ゲノムインプリンティング（genomic imprinting）について説明する。1.3 節で解説したとおり，相同染色体の片方は父親，もう片方は母親に由来しており，この染色体はほぼ同一のゲノム配列を持っている。遺伝子やその発現制御機構が変異によって壊れてしまっているというようなことがない限り，多くの遺伝子は両方の染色体から発現され，染色体がどちらの親由来であるかということは特に問題にはならない。しかしながら哺乳類など一部の分類群には，どちらかの親由来の染色体からしか発現しないという特性を持つ遺伝子群が存在している。これは，相同染色体間でその遺伝子発現領域のエピジェネティック状態が異なっているためであり，このような機構はゲノムインプリンティングと呼ばれる。具体的には，精子や卵細胞といった**生殖細胞**（germline cell）で，細胞間で異なるエピジェネティック修飾を受けることで，ゲノムインプリンティングが引き起こされることとなる。

ヒトでは現在，100 を超える遺伝子がゲノムインプリンティングを受けることが知られている。そのなかで最もよく研究されている遺伝子は，受精卵から個体が発生していくなかの初期段階で発現するホルモンである Igf2（insulin–like growth factor 2）である。Igf2 では，その下流にある H19 という長鎖非コード RNA のプロモーターが，相同染色体間でメチル化の度合いが異なる（DMR になっている）ことがゲノムインプリンティングを起こす引き金となっている。このような領域は**インプリンティング制御領域**（imprinting control region；

ICR）と呼ばれる。母親由来の染色体では，このICRはメチル化されていない
ためH19が発現する。するとクロマチン構造が変化してクロマチンループが形
成されなくなるため，H19の下流に存在しているIgf2の発現を活性化するエン
ハンサーがその機能を果たさなくなる。よって，Igf2が転写されなくなる。一
方，父親由来の染色体ではそのICRがメチル化されており，そのためH19が
発現しない。その結果，H19の下流に存在するエンハンサーが機能を発揮して，
Igf2が転写されるようになるという仕組みである（**図1.34**）。

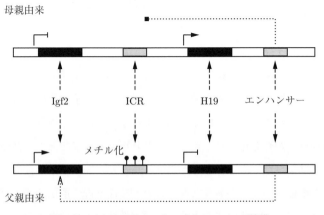

図1.34 Igf2のゲノムインプリンティング機構

　ゲノムインプリンティング機構に異常が見られる場合，ヒトでは疾患につ
ながることがある。例えばベックウィズ・ヴィーデマン症候群は，母親由来の
H19–ICRがメチル化されることによって引き起こされることがある。すなわ
ち両方の染色体のH19–ICRが共にメチル化されているため，成長因子である
Igf2が過剰に発現することとなり，巨舌や過成長，臍ヘルニアなどを引き起こ
す。逆に，シルバー・ラッセル症候群は，父親由来のH19–ICRがメチル化さ
れていないことによって引き起こされることがある。これによって，Igf2の発
現が過少になるため，発育遅延や成長障害が引き起こされる。

　エピジェネティクスの関与するほかの興味深い分子機構としては**X染色体不
活化**（X–inactivation）が挙げられる。哺乳類の性は性染色体の組合せで決ま

り，X 染色体を二つ持つ場合は雌，X 染色体と Y 染色体を一つずつ持つ場合は雄となる（XX と XY というように表記される）。二つの性染色体はその長さに大きな違いが存在し，X 染色体のほうが Y 染色体に比べてはるかに長く遺伝子数も多いという特徴がある。そのため，もし発現制御が存在しない場合，雌のほうが雄よりも X 染色体に存在する遺伝子を 2 倍発現することになってしまい不都合が生じる。よって，雌の X 染色体は，どちらか片方の遺伝子が発現しないように全域的にエピジェネティック制御を受けており，これが X 染色体不活化と呼ばれる。

X 染色体の不活化は，まず X 染色体上に存在する XIST（イグジスト）と呼ばれる長鎖非コード RNA が発現することから始まる。XIST はそれを転写した X 染色体の周辺に蓄積され，X 染色体を覆い尽くす。ここで，この XIST の蓄積は片方の X 染色体にのみ起こる。XIST が蓄積すると，RNA ポリメラーゼが接近できなくなることから転写が止まることとなる。その後 H3K9ac などの転写を活性化するヒストン修飾の除去，および H3K27me3 など転写を抑制するヒストン修飾の付加などが生じる。また，ヒストンバリアントである macroH2A への置換も起こる。これらのエピジェネティック制御の結果として片方の X 染色体にのみ全域的なヘテロクロマチン化が生じ，X 染色体が不活化されることとなる。

X 染色体不活化が関与する生物学的事象の例としては，三毛猫の毛の模様が挙げられる。三毛猫の毛の色は，常染色体上に存在する白斑を起こす遺伝子と，X 染色体上に存在する毛の色を決定する遺伝子の組合せで決まる。ここで，毛の色を決める遺伝子には，毛の色を黒にする遺伝子とオレンジにする遺伝子の二つが存在するが，一つの X 染色体上にはどちらか一つしかない（3.1.1 項のメンデル遺伝に関する説明を参照のこと）。そのため，雌の猫において，二つの X 染色体に存在する遺伝子が異なっている場合，どちらの X 染色体が不活化されるかによって，毛の色が変わってくることになる。どちらの X 染色体が不活性化されるかは遺伝的には決定されておらず，不活性化が起こる細胞ごとにランダムに決まるため，その結果，白斑，黒，オレンジの三色が入り混じった三

毛猫模様となる。そのため，まったくゲノムが同一の猫がいたとしても，三毛猫の模様は異なることになる。またこの三毛猫になるためには X 染色体が二つ必要であるという原理から，通常は三毛猫になるのは雌だけであり，雄は三毛猫にならない[†]。

1.5　トランスクリプトームと転写後発現制御

トランスクリプトーム（transcriptome）とは，ゲノムやエピゲノムと同様に細胞内で転写される RNA（転写産物；transcript）の全体（–ome）を表す造語である。ゲノムから転写されたさまざまな種類の RNA は，転写後にさまざまな制御を受けることで，成熟型の分子へと姿を変えたり，分子の安定化や分解によってその量（発現量）が調節されたりする。本節では，こうした転写産物の種類や転写後に行われる発現制御，および近年注目されている RNA 修飾について解説する。

1.5.1　転写産物の種類

1.3 節で述べたように，各生物のゲノムにはさまざまな種類の遺伝子がコードされており，それらは RNA ポリメラーゼと呼ばれる複数のタンパク質から構成された RNA 合成酵素によって，鋳型となる DNA から RNA が転写される。真核生物の場合，3 種類の RNA ポリメラーゼ（I, II, III）が存在しており，タンパク質コード遺伝子の転写を行うのは，RNA ポリメラーゼ II である。ほかの 2 種類の RNA ポリメラーゼは，非コード RNA 遺伝子の転写を担っている。また RNA ポリメラーゼ II は，一部の非コード RNA の転写も行っている。一方，原核生物は 1 種類の RNA ポリメラーゼが非コード RNA 遺伝子を含むすべての遺伝子の転写を行っている。ここでは，代表的な転写産物の種類

[†]　性染色体異常により染色体が 3 本になる XXY という組合せを持つ雄猫は三毛猫になりうる。このような猫はきわめてまれであるため，日本の一部の地方では雄の三毛猫を乗せていれば安全に航海ができるといわれていた。

を下記に挙げる。

（**a**）　**mRNA**（メッセンジャー **RNA**）　　タンパク質コード遺伝子から転写された RNA で，リボソームによって mRNA からタンパク質が翻訳される。真核生物の場合，核内で転写された直後はイントロンを含んだ pre–mRNA の状態であり，その後スプライシングによるイントロン除去や，5′ 端への 7–メチルグアノシン（5′ キャップ）の付加，また 3′ 端への連続した A（poly–A）付加などの転写後修飾を受けることで，成熟型の mRNA として細胞質に輸送・翻訳される。この時付加される 5′ キャップや poly–A は，mRNA が核から細胞質へと輸送される過程において必要であるほか，mRNA が分解されることを抑制する役割がある。

（**b**）　**rRNA**（リボソーム **RNA**）　　翻訳をつかさどるリボソームの骨格を構成する非コード RNA であり，生体内で最も多量に存在する RNA である（表 1.3）。リボソームは，真核生物の場合，約 80 種類のタンパク質と 4 種類の rRNA から構成されており，翻訳を行っていないときは，5S rRNA, 5.8S rRNA, 28S rRNA の 3 種を含んだ大サブユニットと，18S rRNA を含んだ小サブユニットに分かれている。翻訳時にはこれらが一つの巨大な RNA–タンパク質複合体であるリボソームを形成し，mRNA のコドンの並びに従って後述の tRNA が運んできたアミノ酸を一つずつ連結することで，タンパク質を合成する。なお，原核生物の場合は，5S rRNA と 23S rRNA が大サブユニットに含まれ，16S rRNA が小サブユニットに含まれているため，3 種類の rRNA がリボソーム中に存在する。

（**c**）　**tRNA**（転移 **RNA**）　　mRNA 中の CDS 領域の各コドンに対応するアミノ酸 1 残基をリボソームへ運ぶ役割を持つ非コード RNA で，mRNA のコドンと相補的な配列（アンチコドン）を有することによって，3 塩基のコドンと 1 アミノ酸を対応づけており，コドンの種類に応じた tRNA が存在する。

（**d**）　**snRNA**（核内低分子 **RNA**）　　真核生物における pre–mRNA のスプライシングを行う RNA–タンパク質複合体の**スプライソソーム**（spliceosome）を構成する非コード RNA 分子であり，スプライソソームによって，エキソン–

イントロンの境界の認識やイントロンの除去が行われる。主要なスプライシング反応には，5種類のsnRNAが関わっている。

（e）**snoRNA**（**核小体低分子RNA**）　　真核生物の核内でrRNAの転写やリボソームの構築を行う領域である核小体（nucleolus）に存在する非コードRNAであり，rRNAのメチル化やウリジン（U）の異性化（シュードウリジン化）といったRNA修飾に関与する。rRNAの修飾位置周辺の塩基配列と相補的な配列を有しており，修飾位置ごとに異なるsnoRNAが存在する。ヒトの場合，snoRNAが関与するrRNAの修飾位置は約200ヶ所に及ぶ。しかし一部のsnoRNAはrRNAと相補的な配列を内部に持っていないため，別のRNAを標的としていると考えられている。特定のmRNAを標的とするsnoRNAも発見されているが，まだ標的がわかっていないsnoRNAも存在し，それらはオーファン（orphan）snoRNAと呼ばれている。

（f）**miRNA**（**マイクロRNA**）　　20〜25塩基ほどの長さの非常に短い非コードRNAであり，おもにmRNAの$3'$–UTRの一部と相補的な配列を有する。miRNAは，Argonaute（Ago）と呼ばれるタンパク質と複合体を形成した後，相補的な配列を持つmRNAとの二本鎖形成を介してmRNAを分解もしくはmRNAの翻訳を抑制することで，そのmRNAに由来するタンパク質の発現を抑制する。

（g）**lncRNA**（**長鎖非コードRNA**）　　上記の非コードRNAに該当しない比較的長い（200ヌクレオチド以上）RNAの総称である。現在，ヒトには約2万種類ものlncRNA遺伝子が存在することが知られているが，そのほとんどは機能がわかっていないため，2022年現在，lncRNAの機能解明はRNA生物学において非常に重要な研究課題であるといえる[†]。機能が判明しているヒトのlncRNAとしては，1.4.5項で解説したX染色体不活化に関わるXISTや，核内構造体を形成してスプライシングを制御するMALAT1などが挙げられる。lncRNAの多くは，mRNAと同様の転写後修飾（$5'$キャップおよび$3'$端への

[†]　機能未知lncRNAのうちどれくらいの割合が本当に生物学的機能を持っているのかについては大きな議論があり，大半のlncRNAは機能を持っていない可能性もある。

poly–A の付加）を受けるが，mRNA のような長い CDS を持たないため，タンパク質に翻訳されることは少ないと考えられている[†1]。また，特定の時期や組織でのみ発現（組織特異的発現）するものが多いという特徴がある。

1.5.2 選択的スプライシング

真核生物の遺伝子から発現するタンパク質は，一つの遺伝子から 1 種類のタンパク質が合成されるとは限らず，遺伝子とタンパク質は 1 対多の関係になる。このタンパク質のバリエーションの多くは，pre–mRNA から mRNA へのスプライシングの過程で，1 種類の pre–mRNA から複数種類の mRNA がつくられる**選択的スプライシング**（alternative splicing）と呼ばれる現象によって生じる[†2]。この選択的スプライシングによって生じる複数種類の mRNA は，スプライシングバリアントやアイソフォームと呼ばれ，選択的スプライシングは，以下の主要な五つの形式に分類される（**図 1.35**）。

（**a**）　**エキソンスキップ**　　一部のエキソンがイントロンと共に除去される。

（**b**）　**選択的 5′ スプライス部位**　　上流側（5′ 側）のエキソン–イントロン境界が通常と異なる位置になり，上流側のエキソンの長さが変わる。

（**c**）　**選択的 3′ スプライス部位**　　下流側（3′ 側）のエキソン–イントロン境界が通常と異なる位置になり，下流側のエキソンの長さが変わる。

（**d**）　**相互排他的エキソン**　　同時に mRNA に含まれることのない二つのエキソンが存在する。

（**e**）　**イントロン保持**　　一部のイントロンがスプライシングされず保持された状態の mRNA がつくられる。

真核生物の遺伝子と転写産物の数に着目すると（**表 1.5**）[†3]，ヒトには約 2 万

[†1]　近年，一部の lncRNA の短い CDS から数十アミノ酸程度の短いタンパク質（ペプチド）が翻訳されているという発見が相次いでいる。

[†2]　なお，異なる開始コドンが利用されたり，あるいは終止コドンで翻訳が終了せず従来の位置より下流まで翻訳されたりするなどして，一つの mRNA から翻訳の際に複数のタンパク質が生じる仕組みも存在する。

[†3]　特に研究の進んでいない非コード RNA 遺伝子や転写産物の数については，今後の研究によって数が増減する可能性がある。

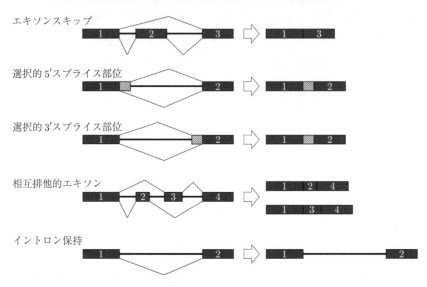

図 1.35 選択的スプライシングの形式

表 1.5 代表的な真核生物の遺伝子数および転写産物数
（Ensembl データベースでの登録数[32])）

生物種	タンパク質コード遺伝子	非コードRNA 遺伝子	転写産物
ヒ　ト	20 448	23 997	232 186
マウス	22 519	16 074	142 699
ゼブラフィッシュ	25 592	6 599	59 876
フ　グ	21 411	2 179	55 740
出芽酵母	6 600	424	7 127
線　虫	20 191	24 791	61 451

種類のタンパク質コード遺伝子と約 2 万 4 000 種類の非コード RNA 遺伝子が存在する一方，それらの遺伝子から転写される転写産物は約 23 万種類にも及ぶ。また，ヒトのタンパク質コード遺伝子のなかで，アイソフォーム数の多い MAPK10 遺伝子だと，約 200 種類のアイソフォームが確認されている†。一方，すべてのスプライシングアイソフォームがタンパク質に翻訳されるわけではな

---

†　ショウジョウバエの Dscam 遺伝子には，3 万 8 000 種類以上のアイソフォームが存在すると考えられている。

く，一部は RNA の状態で核内に係留されたり，翻訳されずに分解されるものも存在する。また，lncRNA も選択的スプライシングによって複数のアイソフォームがつくられるものが存在する。

1.5.3 新規転写産物の発見

1.3.5 項で説明したように大きなサイズのゲノムを持つ生物では，タンパク質に翻訳されるのはゲノム配列のわずか数％にすぎない。一方，ENCODE やFANTOM といった大規模な国際研究プロジェクトにより，ヒトのさまざまな体組織での RNA–seq 解析が実施され，その結果，ヒトゲノムの約 7～8 割の領域が転写されていることが明らかになった[33),34)]。そのため，ヒトのトランスクリプトームのなかには，非コード RNA をはじめとするさまざまな転写産物が含まれており，まだ遺伝子としてアノテーションされていない領域から RNAが発見されている可能性も多く残されている。このような新規転写産物を発見する際にも，RNA–seq 法から得られる配列データのバイオインフォマティクス解析が用いられる。具体的には，1.3.6 項で解説したゲノム配列の決定と同様に，RNA–seq 法で得られた塩基配列をつなぎ合わせることで，もとの転写産物の配列を復元し（このような解析はトランスクリプトームアセンブリと呼ばれる），既知の遺伝子や転写産物の配列と一致するかどうかを調べることにより行われる。

1.5.4 RNA の発現制御

細胞内の RNA は，転写によって新たに合成される一方，RNA 分解酵素であるさまざまなリボヌクレアーゼ（ribonuclease）によって分解されることで，その量が調整されている。ここでは，おもに mRNA の発現量を制御する代表的な二つの仕組みについて解説する。

（1） **miRNA と ceRNA**　1.5.1 項で述べたように，20～25 塩基ほどの長さの miRNA は，mRNA の 3′–UTR の一部と相補的な配列を有することで，その領域特異的に結合する機能を持っている非コード RNA であり，ターゲッ

トとなる mRNA に結合した後，その mRNA の分解もしくは翻訳の抑制を行う。現在，ヒトには約 1000 種類を超える miRNA が知られており[35]，一つの miRNA が複数の遺伝子を標的としていることから，miRNA による mRNA の発現制御は非常に複雑になっている。miRNA は細胞の分化や増殖などの基本的な生命現象に関わっており，そのため miRNA が適切に機能しない場合，がんをはじめとする疾患が引き起こされることがある。

一方，**ceRNA** (competing endogenous RNA) は，近年発見された lncRNA の一種であり，mRNA の 3′–UTR と同様，miRNA が結合できる配列を複数箇所保有している。この ceRNA が mRNA と同時に存在する状況では，ceRNA が miRNA の標的の囮として働くことで，一部の miRNA は mRNA ではなく ceRNA に結合する。その結果，miRNA の mRNA への発現抑制効果が緩和される。一部の ceRNA には，mRNA 前駆体がバックスプライシングと呼ばれる特殊なスプライシングを受けることで生成されるものがある。この RNA 分子は，5′ 末端と 3′ 末端が連結された環状の構造をしており，circRNA (circular RNA) と呼ばれる。circRNA はエキソヌクレアーゼと呼ばれる核酸分解酵素の影響を受けなくなるため，通常の直鎖状 RNA に比べて安定であり細胞内に存在する時間が長いという特徴を持ち，多くの miRNA や後述の RNA 結合タンパク質と結合することが可能であるため†，miRNA や RNA 結合タンパク質の標的の囮として遺伝子の発現制御に関与することが知られている。

（**2**）**RNA 結合タンパク質**   タンパク質のなかには，RNA 結合タンパク質と呼ばれる RNA に結合しやすい性質を持ったタンパク質が存在する。ヒトには，1000 種類を超える RNA 結合タンパク質が存在することが知られており[36]，それらの一部は，結合した RNA を安定化もしくは不安定化することで RNA の発現量を制御する機能を有している（ただし，多くの RNA 結合タンパク質の機能はまだよくわかっていない）。RNA 結合タンパク質は，RNA 分子内の特定の短い配列モチーフや特徴的な高次構造を認識することで，特定の RNA の発現制御やスプライシング制御に関与している。

---

†   多くの分子を吸着するため，分子スポンジとも呼ばれる。

例えば，ヒトの HuR タンパク質（別名 ELAVL1）は，mRNA の 3′–UTR に存在する A もしくは U に富んだ配列（AU–rich element）に特異的に結合することが知られており，結合した mRNA を安定化することで発現量を上昇させる働きがある。一方，Pumilio と呼ばれる RNA 結合タンパク質は，同じく mRNA の 3′–UTR に存在する UGUANAUA（N は A, C, G, U のいずれか一つ）のモチーフに特異的に結合するが，結合した RNA を不安定化・分解へと導く働きがあることが知られている。なお，出芽酵母の RNA 結合タンパク質である Vts1p の結合には RNA 二次構造が関係しており，ヘアピンループと呼ばれる構造内に存在する CNGG に特異的に結合する。また，上記 miRNA と結合部位が共通の RNA 結合タンパク質は，RNA と結合することで，その部位への miRNA の結合を阻害し，結果として miRNA による RNA 分解の阻害，すなわち RNA の安定化に寄与するものも存在する。

1.5.5 RNA 修飾とエピトランスクリプトーム

DNA のメチル化修飾と同様に，RNA も転写後にさまざまな種類の修飾を受けることが知られており，見つかっている修飾の種類は 100 種類を超える[37]。最もよく研究されているのは，非コード RNA の一種である tRNA であり，わずか 80 塩基ほどの RNA 分子のなかに，10 ヶ所以上の修飾が入っていることも少なくない†。同様に非コード RNA の rRNA も修飾を受けることが多い RNA として知られており，ウリジン（U）の異性体であるシュードウリジンやリボース部位のメチル化だけでも 200 ヶ所程度存在することが知られている。図 **1.36** はヒトのリボソームの立体構造における rRNA 内の RNA 修飾である。ここでは灰色の分子が rRNA であり，RNA 修飾を受けたヌクレオチドは黒色の球状で表現してある。また，このような非コード RNA の修飾が欠失すると，疾患につながるものも存在するため，生体にとって必要なものであると考えられて

---

† tRNA には RNA 修飾がさまざまな位置に入っており，この修飾が RNA から DNA への逆転写を阻害してしまうため，tRNA の量を単純な RNA–seq 法で計測することは難しい。そのため，tRNA をシーケンスするための専用の実験プロトコルが提案されている。

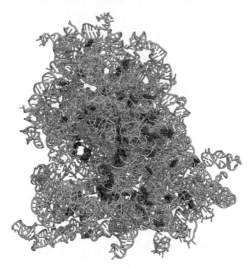

図 **1.36**　ヒトのリボソームの立体構造における rRNA 内の
RNA 修飾（PDBID；6QZP, 修飾を受けたヌクレオチド
を黒色の球状で表示）

いる。

　RNA 修飾は，非コード RNA を中心に研究が行われてきたが，近年になり，
mRNA にも RNA 修飾が存在することが明らかとなってきた。特に N6–メチ
ルアデノシン（m6A）の修飾は，アデニン塩基の N6 位がメチル化される修飾
であり，さまざまな mRNA の終止コドン付近に入っていることが見つかって
おり，RNA のスプライシングや翻訳に影響を与えていることが報告されてい
る[38]。また，m6A の修飾を行う酵素（メチル化酵素，別名 Writer）だけでな
く，修飾を除去する酵素（脱メチル化酵素，別名 Eraser），さらには，m6A 化
された RNA を特異的に認識・制御する RNA 結合タンパク質（別名 Reader）
の存在も明らかになったことで，m6A 修飾による複雑な mRNA 制御の仕組み
が世界的に研究されている。

　また，mRNA が受ける RNA 修飾の一つとして興味深いものには，哺乳類
におけるアデノシン（A）からイノシン（I）への変換が知られている[39]。これ
は，ADAR（adenosine deaminase acting on RNA）と呼ばれる酵素が転写後

の RNA のなかの A を脱アミノ化することによってイノシンに変換させるもので，**A–to–I 編集**（A–to–I editing）や **RNA 編集**（RNA editing）とも呼ばれる。イノシン（I）はグアニン（G）と類似した構造のため，生体内ではグアニンと同じように扱われ，I（G）は C と塩基対を形成することが可能であることから，A–to–I 編集は，A から G への置換と考えることもできる。そのため，A から I への変換によって，塩基対形成の相手が U から C へと変化する。A–to–I 編集の大部分は，反復配列由来の非コード RNA に生じるが，mRNA の CDS 内部のコドンに編集が生じると，A が I に変換されたことで G として認識されるため，翻訳の際に本来とは異なるアミノ酸が取り込まれる。その結果，例えば，GRIA2 遺伝子がコードしているタンパク質では，本来グルタミン（Q）に翻訳されるはずのコドンが，RNA 編集によってアルギニン（R）に翻訳されるコドンへと変換され，本来とは異なる機能を持つタンパク質が合成されることがある。この RNA 編集を担うタンパク質は ADAR2 であるが，ADAR2 をノックアウトしたマウスでは当然この編集が起こらず，そしてそのノックアウトマウスは生後 20 日程度で死に至ることが報告されている。さらに，ADAR2 ノックアウトに加え，Q から R に変更した GRIA2 遺伝子をマウスにノックインすると生後 20 日以降も生き続けることから，RNA 編集はマウスにおいて生存に必要不可欠な仕組みであることが明らかとなっている。また，哺乳類以外の RNA 編集としては，植物のシトシン（C）からウラシル（U）への変換が知られている[40]。

　こうした RNA 修飾に関する研究が大きく進展した背景には，RNA の塩基配列中で RNA 修飾が入っている位置を網羅的かつ正確に特定できることになった影響が大きい。RNA–seq 法の応用として，RNA 修飾が入っている位置の塩基がシーケンスの際に特定の塩基に置換されること（例えば，A–to–I の RNA 編集は，A から G への塩基の置換として検出される）や，修飾位置で RNA から DNA への逆転写が高頻度で止まる現象を利用することで，修飾位置を特定する方法が数多く開発されている[41]。また，ナノポア法を利用して RNA 修飾を検出する技術も研究が多く進められている。このようなトランスクリプトー

ム規模での RNA 修飾全体のことは，ゲノムとエピゲノムの関係のアナロジーとして，**エピトランスクリプトーム**（epitranscriptome）と呼ばれている[†1]。

1.6　プロテオームとタンパク質機能

　ゲノム，トランスクリプトームと同様，プロテオームとは細胞内で翻訳によって合成されるタンパク質全体（–ome）を表す造語である[†2]。細胞のなかで最も多い生体高分子であるタンパク質は，細胞内のさまざまな化学反応の直接的な担い手であり，細胞内のあらゆる場所に存在し，その機能は多岐にわたる。ここでは，タンパク質が実際に機能を発現するために必要な，タンパク質の立体構造形成や細胞内局在，翻訳後修飾について述べるとともに，生体内に存在するさまざまな種類のタンパク質の分類について解説する。

1.6.1　タンパク質の折り畳みと機能

　タンパク質は複数のアミノ酸がペプチド結合により 1 列につながった分子であるが，翻訳直後の 1 本のヒモのような状態のまま細胞のなかで働くわけではなく，多くのタンパク質が，それぞれ適切な 3 次元上の形（立体構造）を形成することによって，はじめて固有の機能を発揮することが可能となる（タンパク質の立体構造については，第 2 章で解説する）。では，個々のタンパク質の立体構造は，どのような内的・外的要因で決まっているのであろうか。この問いに対して，アンフィンゼン（Christian Anfinsen）が行った有名な実験が知られている。この実験では，RNA 分解酵素であるリボヌクレアーゼが入った水溶液に，タンパク質の変性剤（立体構造を壊す働きがある）を入れることで，リボヌクレアーゼの立体構造を壊し，RNA を分解するという機能が失われた（失活と呼ぶ）状態にする。この状態のリボヌクレアーゼは，当然 RNA を分解する

[†1]　エピトンラスクリプトームはエピゲノムとは異なり，細胞分裂後も修飾が維持されている必要性はない。

[†2]　1.2 節冒頭の脚注で述べたように，プロテオームにはほかの意味もある。

ことはできないが，アンフィンゼンは，この水溶液中から変性剤のみを除去した後にしばらくすると，リボヌクレアーゼが再び RNA を分解する活性が回復することを発見した。つまり，変性剤によって立体構造が壊されたリボヌクレアーゼは，変性剤がなくなることで自発的に RNA を分解できるもとの立体構造を形成することができること，すなわちタンパク質は自身に固有のアミノ酸配列に基づいて，適切な立体構造を形成できることを示した。このことは，アンフィンゼンのドグマ（Anfinsen's dogma）と呼ばれており，多くのタンパク質がこの原理に従うと考えられている。なお，アンフィンゼンは 1972 年にノーベル化学賞を受賞している。一方，細胞のなかは，さまざまなタンパク質などの生体分子が密に存在している状態であり，アンフィンゼンの実験の水溶液の状態とは大きく異なる†。また，タンパク質のなかにはシャペロン（chaperone）と呼ばれる特殊なものが存在し，一部のタンパク質の立体構造形成を補助・促進したり，タンパク質どうしの不適切な凝集を抑制することも知られている。

　一方，タンパク質のなかには，タンパク質内の特定の領域あるいはタンパク質全体にわたって決まった立体構造を形成しないものが存在する。前者のようなタンパク質中の領域は，**天然変性領域**（intrinsically disordered regions；IDR），後者のようなタンパク質は，**天然変性タンパク質**（intrinsically disordered proteins；IDP）と呼ばれ，このような性質を示すタンパク質には，親水性や電荷を持つアミノ酸が多く含まれるなどの偏りがあることが知られている。特定の立体構造をもたない天然変性タンパク質は機能がないわけではなく，ほかの生体高分子である DNA・RNA やほかのタンパク質と結合（相互作用）するために重要であるなど，さまざまな役割があると考えられている。そのため，タンパク質のアミノ酸配列から IDR・IDP を正確に予測する方法の開発は，バイオインフォマティクスにおける研究課題の一つである。真核生物のゲノムにコードされてい

---

†　一般に，実際の生体内において行う実験のことを *in vivo*，試験管内など人工的な環境における実験のことを *in vitro* と呼ぶ。アンフィンゼンの実験は *in vitro* の実験である。一般には，*in vitro* で得られた実験結果が同様に *in vivo* の実験でも得られるという保証はない。なお，シミュレーションなどコンピュータにおける実験は *in silico* と呼ばれる。

るタンパク質のうち，約50％の領域は特定の立体構造を形成せず，天然変性領域である可能性があるとされている[42]。特に近年，**液−液相分離**（liquid–liquid phase separation）によってRNAやタンパク質が凝集することで膜のない細胞内小器官が形成される機構において，IDRやIDPが大きな役割を果たしていることが明らかとなってきており，大きな注目を集めている[43]。

1.6.2　細 胞 内 局 在

真核生物の細胞（真核細胞）のなかには，核以外にもミトコンドリアや小胞体，ゴルジ体などの膜で隔てられた区画である**細胞内小器官**（organelles）[†1]が存在しており，それぞれが異なる役割を持っている。例えば，ミトコンドリアは好気呼吸（酸素を利用する呼吸）を行いエネルギーを産生する細胞内小器官であり，また小胞体はインスリンなどの細胞外で機能するタンパク質を細胞外へ移送する機能などを担う細胞内小器官である。そのため，それぞれの細胞内小器官は，その役割に応じて必要なタンパク質も異なる一方，すべてのタンパク質は細胞質と呼ばれる細胞内領域で翻訳・合成される[†2]ので，翻訳されたタンパク質はそれぞれが機能すべき細胞内小器官へと運ばれる必要がある。例えば，転写を行うRNAポリメラーゼやクロマチン構造を形成するために必要なヒストンは，核内で機能するタンパク質であるため，細胞質でリボソームにより合成された後に核に移行する（**図1.37**）。このように生体高分子が，特定の細胞内小器官に偏って存在することは「局在する」と呼ばれ，タンパク質の**細胞内局在**（subcellular localization）は，それぞれのタンパク質の機能と密接に関連している。なお，細胞内小器官の発見に関わったクラウデ（Albert Claude），ド・デューブ（Christian de Duve），パラーデ（George E. Palade）の3人は1974年のノーベル生理学・医学賞を受賞している。

　タンパク質のアミノ酸配列には，例えばリボヌクレアーゼであればRNAを

[†1]　一般的には，細胞小器官と記述されることが多いが，本書では細胞内小器官と記載する。
[†2]　DNAからmRNAへの転写までは核内で行われるが，転写されたmRNAは核外へ輸送され，核外で翻訳される。

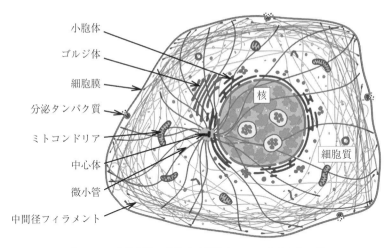

小胞体

ゴルジ体

細胞膜

分泌タンパク質

ミトコンドリア

中心体

微小管

中間径フィラメント

核

細胞質

図 **1.37** 真核細胞の細胞内小器官と RNA ポリメラーゼ
構成因子 POLR2D タンパク質の核（中央）への局在
（image credit；Human Protein Atlas[44], [45]，クリ
エイティブ・コモンズ・ライセンス（表示–継承 3.0 非
移植）を改変して作成）

分解するという機能を実現するための情報が含まれているだけではなく，その
タンパク質が細胞内のどこで働くべきかという細胞内局在に関する情報も含ま
れている。アミノ酸配列中の細胞内局在に関する配列は，**シグナル配列**（signal
sequence）と呼ばれており，このシグナル配列に従って，それぞれのタンパク
質は適切な場所に運ばれるというシグナル仮説を提唱したブローベル（Gunter
Blobel）は，1999 年にノーベル生理学・医学賞を受賞している。現在，さまざ
まなシグナル配列が知られているが，ここでは 1950 年代から研究されてきた小
胞体，ミトコンドリア，核に関するシグナル配列を紹介する。まず小胞体であ
るが，この細胞内小器官に輸送されるタンパク質の翻訳は，そのほかのタンパ
ク質と異なる特徴を持つ。すべてのタンパク質は，細胞質に存在しているリボ
ソーム（遊離リボソーム）により翻訳が開始されるが，小胞体へ輸送されるタ
ンパク質には，N 末端側に疎水性のアミノ酸からなるシグナル配列が存在して
おり，このシグナル配列が翻訳されると翻訳が一時停止し，シグナル配列を認
識する別のタンパク質によってリボソームごと小胞体膜上に輸送される。その

後，小胞体膜上のタンパク質と結合したリボソーム（膜結合型リボソーム）が翻訳を再開し，小胞体のなかに翻訳されたタンパク質が放出される。小胞体に輸送されたタンパク質は，その後ゴルジ体を経由して，最終的に細胞膜や細胞外へと運ばれる。細胞外に運ばれる現象は分泌と呼ばれ，このようなタンパク質は**分泌タンパク質**（secretory/secreted protein）と呼ばれる（図1.37）。小胞体以外の細胞内小器官に輸送されるタンパク質は，基本的に遊離リボソームによって翻訳が完了した後，それぞれのシグナル配列に従って輸送される。ミトコンドリアへ輸送されるタンパク質は，N末端に疎水性のアミノ酸と塩基性のアミノ酸からなるシグナル配列が存在しており，このシグナル配列がミトコンドリア外膜に存在する別のタンパク質（Tom20, Tom40）に認識され，ミトコンドリア内に取り込まれる。核に輸送されるタンパク質には，塩基性アミノ酸で構成されるシグナル配列がアミノ酸配列中の中央寄りの位置に存在しており，これを認識する別のタンパク質（インポーチン）により核膜孔を通って核内に輸送される。なお，シグナル配列のないタンパク質は，遊離リボソームにより翻訳が行われ，そのまま細胞質に留まり，機能することが多い。タンパク質のアミノ酸配列から，シグナル配列や細胞内局在を予測する問題は，バイオインフォマティクスにおいても比較的早くから取り組まれてきており，さまざまな手法が提案されている[46]。

1.6.3 翻 訳 後 修 飾

タンパク質もDNAやRNAと同じく，構成しているアミノ酸がさまざまな化学修飾を受けることで，生体高分子としての機能が制御されている。この修飾は翻訳後に生じるため，**翻訳後修飾**（post-translational modification；PTM）と呼ばれる。ここでは，代表的な翻訳後修飾であるリン酸化，アセチル化，ユビキチン化について説明する。

リン酸化（phosphorylation）は，タンパク質を構成するアミノ酸のうち，おもにセリン（S），スレオニン（T），チロシン（Y）が受ける修飾であり，キナーゼと呼ばれる酵素によってリン酸基が付加（リン酸化）される一方，ホスファ

ターゼと呼ばれる酵素によって除去（脱リン酸化）される可逆的な翻訳後修飾である。このリン酸化および脱リン酸化の影響により，タンパク質の立体構造は変化し，その結果としてタンパク質の機能が活性化もしくは不活性化される。ヒトでは，1万種類以上のタンパク質が少なくとも1ヶ所以上のリン酸化を受け，リン酸化を受ける部位は，プロテオーム中で10万ヶ所以上にも及ぶため，リン酸化は最も重要な翻訳後修飾の一つである。

　アセチル化は，おもにリシン（K）が受ける修飾であり，アセチル基がアセチル化酵素によって付加，脱アセチル化酵素によって除去される可逆的な翻訳後修飾である。アセチル化は，リシン残基が持つ正電荷を中和するため，タンパク質とほかの分子との間の結合に影響を及ぼす。1.4.3項で述べたように，ヒストンタンパク質とDNAの結合は，アセチル化によって調節されている。ヒトのプロテオーム中でアセチル化の修飾を受けるタンパク質は5000種類以上あり，修飾部位は2万ヶ所以上存在する。

　ユビキチン化（ubiquitination）は，76個のアミノ酸で構成されるユビキチンタンパク質が別のタンパク質に付加される翻訳後修飾であり，修飾を受ける側のタンパク質中のリシン（K）とユビキチンのC末端のグリシン（G）が結合するものである。一方，ユビキチン自体を構成するアミノ酸のなかにもリシンが七つ含まれており，一つのユビキチンにさらに別のユビキチンが結合することを繰り返し，最終的に複数個のユビキチンが連なったポリユビキチンと呼ばれる状態になる。ユビキチン化は，折り畳みが正常に行われなかったタンパク質や不要となったタンパク質に付加され，これらのタンパク質が分解されるための目印としての役割を担っている。このユビキチンを介したタンパク質分解の仕組みを発見したチカノーバー（Aaron Ciechanover），ハーシュコ（Avram Hershko），ローズ（Irwin Rose）の3人は2004年にノーベル化学賞を受賞している。

1.6.4　タンパク質の分類
生体内には，タンパク質コード遺伝子の種類に応じたタンパク質が存在して

おり，ヒトでは少なくとも2万種類を超えるタンパク質が存在する。これら多数のタンパク質についての理解を深める上で，タンパク質をさまざまな観点から分類する研究が進められており，ここでは，タンパク質の構造に基づく分類，組成に基づく分類，機能に基づく分類の3種類を解説する。

（1）**構造に基づく分類**　　タンパク質はその折り畳まれた状態の立体構造に基づき，おもにつぎの（a）～（c）の3種類に分類することができる。

（a）**球状タンパク質**（globular protein）は，生体内で球状の立体構造を形成しているタンパク質である。細胞を構成している分子のうち約70%は水であるため，タンパク質の多くは水中に存在し，水分子に囲まれた環境にある。タンパク質が親水性および疎水性の両方のアミノ酸から構成されているとき，水分子と接するタンパク質表面に親水性のアミノ酸が配置され，水分子に接しない内部に疎水性のアミノ酸が密に集まろうとすることで球に近い形になりやすいため，このような形状になることが多い。このような構造的な特徴を持っているため，比較的水に溶けやすく，水中に分散して存在している。

（b）**繊維状タンパク質**（fibrous protein）は，アミノ酸鎖が伸びて糸状やシート状の構造を形成するタンパク質である。球状タンパク質とは異なり，疎水性のアミノ酸が外側に露出しているため，水に溶けにくい性質を持つ。繊維状タンパク質が多数重合することにより，細胞内の構造骨格としての役割を担っており，皮膚や髪の毛，爪などを構成している。われわれの身近でよく知られている繊維状タンパク質としては，皮膚や骨などを構成しているコラーゲン，髪の毛などを構成しているケラチンなどがある。

（c）**天然変性タンパク質**（intrinsically disordered proteins；IDP）は，1.6.1項で述べたように，特定の立体構造を形成しないタンパク質である。このようなタンパク質は原核生物よりも真核生物により多く見つかっており，真核生物の細胞内では，核内で機能するタンパク質に多く見られる[47]。

（2）**組成に基づく分類**　　タンパク質は20種類のアミノ酸がペプチド結合により1本につながれた分子であるが，糖や脂質，金属などのほかの物質と結合した状態のものも存在している。タンパク質はその構成成分に基づいて2

種類に分類することができ，アミノ酸のみから構成されるタンパク質は**単純タンパク質**（simple protein），アミノ酸以外の物質と結合しているものは**複合タンパク質**（conjugated protein）と呼ばれる。複合タンパク質は結合しているほかの分子によってより詳細に分類することができ，ここでは，以下の（ a ）〜（ d ）に代表的な 4 種類を挙げる。

（ a ）　**糖タンパク質**（glycoprotein）は，一部のアミノ酸の側鎖に糖鎖が結合したものである。糖鎖が結合するアミノ酸としては，アスパラギン（N）やセリン（S）・スレオニン（T）などがよく知られており，細胞表面を構成するタンパク質や分泌タンパク質などの多くは糖タンパク質である。われわれにとって身近な糖タンパク質としては，ABO 血液型に関わるタンパク質が挙げられる。ABO 血液型の違いは，赤血球細胞表面に存在する糖脂質および糖タンパク質の糖鎖の違いであり，末端が N–アセチルガラクトサミンの糖鎖を多く有する A 型，末端がガラクトースの糖鎖を多く有する B 型，末端に N–アセチルガラクトサミンやガラクトースを持たない糖鎖を多く有する O 型，A 型および B 型の糖鎖の両方を有する AB 型に分けられる。なお，ABO 血液型を発見したラントシュタイナー（Karl Landsteiner）は，1930 年にノーベル生理学・医学賞を受賞している。

（ b ）　**核タンパク質**（nucleoprotein）は，核酸である DNA や RNA と結合しているタンパク質である。核タンパク質で DNA と結合しているものは，**デオキシリボ核タンパク質**（deoxyribonucleoprotein；DNP）や**DNA–タンパク質複合体**（DNA–protein complex）と呼ばれ，その代表例としては，1.3.1 項で解説したヌクレオソームが挙げられる。同様に核タンパク質で RNA と結合しているものは，**リボ核タンパク質**（ribonucleoprotein；RNP）や**RNA–タンパク質複合体**（RNA–protein complex）と呼ばれ，代表的なものとしては，1.1.3 項で解説したリボソームが挙げられる。タンパク質と核酸の結合に関しては，2.4 節でより詳細に解説する。

（ c ）　**リポタンパク質**（lipoprotein）は，脂質と結合しているタンパク質である。おもに血液中で不溶性のトリグリセリドやコレステロールなどの脂質は，

アポタンパク質やリン脂質などの親水性の部位を持つ分子に表面を覆われた球状の構造の内側に保持され，組織間で輸送されている。健康診断などにおける血液検査の項目のなかで脂質異常症に関連する検査項目として LDL や HDL などの表記を目にすることがあるが，これらは前者が低密度リポタンパク質（LDL）と呼ばれ，脂質の割合が高く，タンパク質の割合が低い粒子であり，後者は高密度リポタンパク質（HDL）と呼ばれ，タンパク質の割合が高く，脂質の割合が低い粒子である。

（d）**金属タンパク質**（metalloprotein）は，鉄や亜鉛，マグネシウムなどの金属イオンを含んだタンパク質である。後述の酵素の一部は金属タンパク質であり，化学反応を触媒するために金属イオンを必要している。また，酸素の輸送を行うヘモグロビンや鉄イオンの貯蔵を行うフェリチンは，貧血などとも関連が深い身近な金属タンパク質として広く知られている。

（3）**機能に基づく分類**　　タンパク質は，それぞれが細胞内における機能を持っており，その機能に基づいて分類することが可能である。ここでは例として以下の（a）〜（c）の3種類を挙げる。

（a）**酵素**（enzyme）は，化学反応の触媒（化学反応を促進させる働きのこと。一方，反応の前後で酵素自体は変化しない）としての機能を持ったタンパク質である。酵素による触媒作用を受ける物質は**基質**（substrate），化学反応の結果としてできる物質は**生成物**（product）と呼ばれる。酵素としての触媒活性は，タンパク質単独で実現されることもあれば，ほかの分子として結合することによって活性を持つ場合もある。後者のように酵素の触媒活性に必要な物質は**補因子**（cofactor）と呼ばれ，例えば前述の金属タンパク質の一部は，酵素としての働きを持ち，補因子として金属イオンを必要としているため，金属酵素と呼ばれることがある。生体内ではさまざまな化学反応が生じており，それぞれの反応に応じてさまざまな酵素が存在している。このような多様な酵素を分類・命名するために，国際生化学分子生物学連合（International Union of Biochemistry and Molecular Biology；IUBMB）[48]は，**EC 番号**（enzyme commission numbers）を策定し，化学反応や基質の違いなどに基づいて，酵素

を階層的に分類している。EC 番号は，EC X.X.X.X（X には数字が入る）の
ような 4 組の数字で表現され，最初の数字がどのような化学反応を触媒するの
かを表している。例えば，EC 1.X.X.X は酸化還元反応を触媒する酵素，EC
2.X.X.X は基質中の一部を別の基質に移動（転移）させる反応を触媒する酵素
（転移酵素）などのように，EC 1.X.X.X～EC 7.X.X.X の 7 種類に分けられて
おり，EC 7 は 2018 年に新たに追加された番号である。

（**b**）　**受容体タンパク質**（receptor protein）は，膜の内外において，外界か
らのさまざまな情報を内部へ伝える働きを持つタンパク質であり，細胞膜上に
存在する細胞膜受容体，細胞質に存在する核内受容体の 2 種類に分けられる。
受容体に特異的に結合する物質との結合をきっかけに細胞でさまざまな反応が
開始される。細胞膜受容体としては，例えば，炎症を引き起こす伝達物質であ
るヒスタミンに結合するヒスタミン受容体が挙げられる。ヒスタミンは，花粉
やハウスダストなどのアレルゲンが体内に入ってくることで細胞がヒスタミン
などを放出し，そのヒスタミンと結合したヒスタミン受容体により神経や血管
に情報が伝達されることで鼻炎などの症状を発症する。このようなアレルギー
症状を抑える代表的な薬として抗ヒスタミン薬が知られており，抗ヒスタミン
薬はヒスタミン受容体に結合することで，ヒスタミンが受容体に結合すること
を妨げる働き（拮抗作用）を持っている。核内受容体は，ホルモンやビタミン
などと結合する受容体であり，これらの物質と細胞質内で結合した後，核内に
移行し転写因子として働く。

（**c**）　**構造タンパク質**（structural protein）は，細胞の形を形成する上で，
骨格となっているタンパク質であり，その多くは前述の繊維状タンパク質でも
ある。多数の構造タンパク質が重合することにより，大きな構造物を形成する。
例えば，真核生物の細胞に存在する微小管や中間径フィラメントと呼ばれる管
状の構造（図 1.37）は，構造タンパク質により形成されており，微小管は複数
種類のチューブリンと呼ばれる構造タンパク質，中間径フィラメントにはケラ
チンなど複数種類の構造タンパク質により構成されている。

1.7　データベースとオミクスデータ解析

　これまでの節では，オミクスデータの測定手法やその生物学的な意義について紹介を行ってきた。オミクスデータは測定しただけではただのデータにすぎず，それらのデータに対してバイオインフォマティクスによるデータ解析を行うことで，はじめて生物学的な知見を得ることが可能となる。また，このようなデータがデータベースに登録されほかの研究者にとって広く利用可能になることで，異なる視点からのデータ解析や，新規ソフトウェアの開発を促進することとなる。本節では，生命科学におけるデータベースとオミクスデータ解析手法について解説を行う。オミクスデータ解析には，機械学習やクラスタリングをはじめ多様なデータマイニング手法が利用されているが，本節では特に生命科学に特有の解析手法であるゲノムブラウザ，生物学的ネットワーク解析，および遺伝子オントロジー解析について紹介する。

1.7.1　生命科学におけるデータベース

　データベース（database）とは，データを容易に検索・管理できるように整理されたデータの集合体のことを意味する。すなわち，文書ファイルやスプレッドシートなどに実験の数値が記述されているファイルは，データではあるがそれ単独ではデータベースではない。データの高速な検索や追加・削除を行えるようにデータを管理するシステムは**データベース管理システム**（database management system；DBMS）と呼ぶ。

　例えば，広く使われているデータベース管理システムとしては，関係データベース管理システムである MySQL や SQLite などがある。関係データベースでは，データは**関係**（relation），そして複数のデータはテーブルとして表現される。そして，複数のテーブルに対して関係代数における演算を適用することで，データの検索を可能とする。例えば**図 1.38** は，学生の履修科目を登録した学生テーブルと，教員の講義開講科目を登録した教員テーブルに対して，自然

学生

学生名	講義名
山田	情報学
田中	生物学

教員

教員名	講義名
岩切	生物学
福永	情報学

学生＊教員

学生名	講義名	教員名
田中	生物学	岩切
山田	情報学	福永

図 **1.38** 関係データベースにおける自然結合演算

結合という演算を行って学生の履修している科目の開講教員のテーブルを作成した例となる。このような形式で格納されたデータベースに対して，ユーザーが適切に検索・問い合わせを行うことで，ユーザーが求める情報を高速に取得可能となっている。

一方，塩基配列など文字列のデータは，データを関係で表現することが最適ではないため，総称で NoSQL（not only SQL）と呼ばれる非関係データベース管理システムも利用されている。生命科学では現在さまざまな公共データベースが利用されているが，これらの公共データベースの背後には関係データベースや NoSQL が DBMS として活用されている（データベースをダウンロードできる形のものも多く存在する）。

公共データベースが存在していても，データベースに含まれるデータが少ないままであれば，データベースの利用価値は低くデータの再利用性は高まらない。そのため現在では，データベースへのデータの登録は，論文を発表する上で必要なプロセスとなっていることも多い。例えば，シーケンス実験を行って塩基配列を決定し，そのデータに基づいて論文を出版する際，その塩基配列情報を国際塩基配列データベースに登録し，そのアクセッション番号を記載することが多くの雑誌で義務づけられている。国際塩基配列データベースは，INSD（International Nucleotide Sequence Database）と呼ばれる，アメリカの NCBI，ヨーロッパ

の ENA，そしてわが国の DDBJ の三つの機関が管理するデータベースから構成されている。また，塩基配列のみならずタンパク質立体構造についても同様であり，アメリカの RCSB PDB，ヨーロッパの PDBe，わが国の PDBj，および NMR データを管理する BMRB の四つのデータベースから構築される wwPDB（Worldwide Protein Data Bank）にデータを登録する必要がある。

　また生命科学のデータベースとしては，一次情報となる実験データを登録するデータベースだけでなく，一次データに対する解析結果を集約した二次的なデータベースや，知識データを活用したデータベースなど多様なデータベースが開発されている。核酸研究の専門誌である『Nucleic Acids Research』誌では，新規生物データベースの公開や既存のデータベースのアップデートについての論文のみを出版する Database issue という号を毎年発刊しており，2022年だけで 185 本と多くのデータベース論文が出版されている。参考のため，本書の巻末に付録として「バイオインフォマティクスを用いた生命科学研究で広く使われているデータベース一覧」を掲載したので参照いただきたい。

　生命科学においてビッグデータ解析が重要な位置を占めている現在，その基盤をなすデータベースの整備開発は，研究のインフラを支える重要な役割を担っている。データベースの運営が止まってしまうと，データベースが利用できなくなるため研究が滞り，また再現実験も行えなくなるという問題も生じる。またデータベースが非常に増大したことでデータや知識が分散した状態になっており，データベースのユーザビリティが低下しているという問題もあり，データベースの統合化が重要な課題となっている。

1.7.2　ゲノムブラウザ —— 複数オミクスデータの可視化 ——

　前項で解説したとおり，現在ではさまざまな種類のオミクスデータの測定が一般化し，また，オミクスデータの一次データをデータベースへ登録することが多くの場合義務づけられるようになったことで，多数のデータがデータベースに集約されるようになった。一方，高速シーケンサー実験で取得された一次データは，膨大な数の短い塩基配列の集まりであるため，個々の配列を眺める

ことから得られる情報は多くない。この大量の配列データをより解釈できる形にするためには，バイオインフォマティクスによる配列解析が必要不可欠である。特に配列データの大もとは多くがその生物のゲノムに由来していることから，ゲノムの各領域について，どのような遺伝子が存在し，どのようなエピゲノム修飾を受け，どのような転写産物が合成されているのか，などの情報について，ゲノムデータを軸とした二次データとして処理することが多い。

　現在，このような複数種類のオミクスデータの取得・閲覧が比較的容易になっており，これらのデータを**ゲノムブラウザ**（genome browser）と呼ばれる可視化ツールで同時に閲覧することで，オミクス階層間の相互関係を多様な観点から調べることが可能である[†]。例えば，エピゲノム修飾の状態によって RNA への転写がどのように制御されているのか，参照ゲノム配列のアノテーションどおりにスプライシングされた転写産物が観測されるのか，mRNA として発現しているエキソン領域がほかの生物種のゲノム配列と比較してどの程度保存されているのか，などを同時に閲覧することが可能である。

　図 1.39 は，UCSC Genome Browser[49] と呼ばれるカリフォルニア大学が運営するゲノムブラウザによるオミクスデータの表示の例を示しており，さまざまな解析済みの複数のオミクスデータを同時に Web ブラウザ上で表示することが可能である。ゲノムブラウザでは，横軸がゲノム上の位置を意味し，縦軸がオミクスデータの情報などを意味している。この例では，X 染色体上に存在する GATA1 遺伝子周辺のオミクスデータを表示している。GATA1 遺伝子から発現する GATA1 タンパク質は，血球系の分化に関わる転写因子であり，DNA 中の GATA の塩基配列を認識して結合し，その塩基配列を有する造血に関わる遺伝子群の発現を活性化する働きがある。

　まず，ゲノム配列中の GATA1 遺伝子の配列に着目する（図 1.39 上段）。遺伝子の構造の欄には，縦に三つの GATA1 が存在するが，これは GATA1 には

[†]　データの可視化はデータ解析において最も重要なプロセスの一つであり，ゲノムブラウザ以外にも，バイオインフォマティクスのための多様な可視化ツールが開発されている。

ゲノム

遺伝子の構造

1塩基多型

リピート配列

配列の保存性

エピゲノム

エピゲノム修飾
（ChIP–seq）

トランスクリプトーム

転写パターン
（RNA–seq）

転写開始点
（CAGE–seq）

組織別発現量

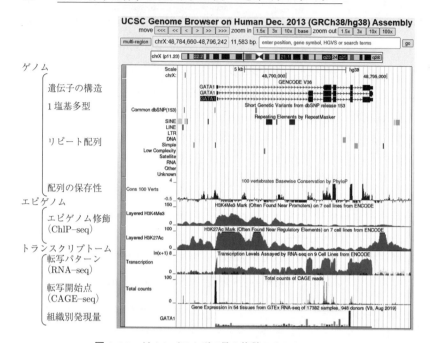

図 1.39 ゲノムブラウザで見る複数のオミクスデータ

スプライシングバリアントが三つ存在することを意味している。またこの遺伝子において，黒い太線はエキソンを意味し，細い矢印の線がイントロンを意味している（エキソンのなかのさらに太い線は CDS を意味する）。このことから，GATA1 は六つのエキソンから構成されており，また三つのスプライシングバリアントのうち最上部のものは，ほかの二つで見られる 2 番目のエキソンをスキップしたものであるということがわかる。また配列の保存性の欄には，ほかの生物種のゲノムと比較した際の配列保存度が表示されており，遺伝子の構造データと見比べることで，エキソン領域の保存性が高く，逆にイントロン領域の保存性が低いことがわかる。

図 1.39 中段の ENCODE プロジェクト[†]が公開しているエピゲノム修飾のデータに着目すると，GATA1 遺伝子の転写開始点付近で，H3K4Me3 のメチ

[†] ヒトゲノム中に存在する遺伝子や遺伝子の発現を制御する配列を明らかにするために，さまざまなオミクスデータの測定を行っている国際研究コンソーシアムである。

ル化や H3K27Ac のアセチル化といった転写を活性化するエピゲノム修飾が増加していることを確認できる。また，同時に GATA1 遺伝子のトランスクリプトームデータに着目すると（図 1.39 下段），GTEx プロジェクト[†1] が公開しているヒト 54 組織別の RNA–seq データから，GATA1 遺伝子の RNA 発現量は，血液細胞で特異的に発現している（組織別発現量の欄の棒グラフ右端）ことが確認できる（この図は横軸がゲノム座標ではないので注意が必要である）。さらに，**CAGE**（Cap Analysis of Gene Expression）**法**[†2] と呼ばれる，実際の細胞中での転写開始点を正確かつ網羅的に調べることができる実験の結果から，参照ゲノム配列のアノテーションどおりの位置（上段の遺伝子構造の左端に対応）から GATA1 遺伝子の転写が開始されていることも確認できる。ここで示したオミクスデータは，UCSC genome browser で閲覧することが可能なデータのごく一部でしかなく，現在，非常に多くの種類のオミクスデータを，外部のデータベースやユーザーが独自で取得したデータも取り込んで，同時に表示させることも可能となっている。

1.7.3 生物ネットワーク解析

生体分子は機能的な意味で単独に存在しているということはなく，ほかの生体分子となんらかの関係性が存在することがほとんどである。例えば，転写因子はプロモーターに結合することで下流の遺伝子の発現を制御する。その際，転写因子とメディエーター，またはメディエーターと転写開始前複合体の間には物理的な相互作用が起こることが鍵となる（1.4.1 項参照）。また代謝反応を考えると，代謝前の化合物と酵素，そして代謝後の化合物に関係性があると捉えることができる。そのため，オミクスデータの各要素の生物学的な機能を理解するためには，各要素がほかのどの要素とどの程度関係するのかを理解することが重要となる。このような生体分子間の関係性を網羅的に捉える手法とし

[†1] ヒトのさまざまな組織における遺伝子の発現や遺伝子発現を制御するゲノム中の配列を調べる国際研究コンソーシアムである。

[†2] 理化学研究所で開発された実験手法で，FANTOM と呼ばれる国際研究コンソーシアムによって，CAGE 法による測定が行われ，その結果が公開されている。

て，**生物ネットワーク解析**（biological network analysis）と呼ばれる手法が一般的に行われている。この方法では，生体分子を頂点，関係の有無（または強度）を辺としたネットワーク構造として生体分子間の関係性を網羅的に表現する。

生物ネットワーク解析を行うためには，まずこのようなネットワークを構築する必要性がある。オミクスデータ解析は，遺伝子間の制御関係を表現する**遺伝子制御ネットワーク**（gene regulatory network）を構築する上で大きな力を発揮する（**図 1.40**(a)）。遺伝子制御ネットワークでは，二つの遺伝子間に制御関係が存在するため，辺に向きが存在する（すなわち，ネットワークは有向グラフとして表現される）。例えば転写因子 A の ChIP–seq 解析を行い，転写因子 A が別の遺伝子 B のプロモーターに結合していることがわかったならば，A は B を制御していると関連づけることができる。ChIP–seq 法ではこのように直接的な制御関係を高い確度で得ることができるという長所がある一方，1 回の ChIP–seq 実験では一つの転写因子についてだけの情報しか得ることができず網羅性が低いという短所もある。また抗体が存在する転写因子に対してしか実験を行うことはできないため，すべての転写因子に対して ChIP–seq を行うことは現時点ではできないという問題点も存在する。別の方法としては，RNA–seq データを時系列データとして取得し，ある遺伝子 A が発現すると別の遺伝子 B

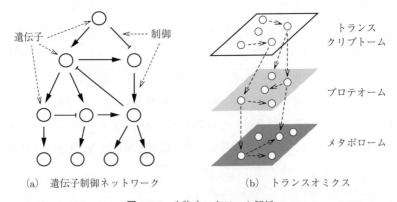

(a) 遺伝子制御ネットワーク　　　(b) トランスオミクス

図 1.40 生物ネットワーク解析

の発現が大きく変化することを統計的に検証することで，A は B を制御していると関連づける手法も存在する。RNA–seq データを用いた場合，発現しているすべての遺伝子を対象としているため網羅性が高いという長所がある。一方，ChIP–seq 法などに比べると得られた制御関係の確度が高くないほか，別の遺伝子 C が介在しており間接的な制御関係になっているケース（制御関係が A → C → B など）も検出してしまう可能性があるという短所が存在する。なお，制御ネットワークを図示する際，制御関係が正である場合（発現を促進する場合）は辺として→を，逆に負である場合（発現を抑制する場合）は辺として⊣を用いる（図 1.40(a)）。現在，多様なオミクスデータに基づいて，精密な遺伝子制御ネットワークを構築するバイオインフォマティクス研究が盛んに行われている[50),51)]。

生物ネットワークとしては，遺伝子制御ネットワークのみならず，タンパク質相互作用ネットワークや代謝マップといった多様な階層でのネットワークが広く研究されている。なお，タンパク質相互作用ネットワークでは，辺は相互作用を表しているため一般には辺には向きは存在しない（すなわち，ネットワークは無向グラフとなる）。一方，これらのネットワークはある特定の生体分子のみに焦点を当てて独立に構成されたネットワークにすぎない。実際の生体内ではこれらのネットワークはたがいに独立ではなく，ネットワーク間でも複雑に相互作用が行われている。近年，さまざまな階層でのオミクスデータ（トランスクリプトーム，プロテオーム，メタボローム）を測定するマルチオミクス解析が可能となってきたため，このマルチオミクスデータを活用して複数の階層をまたがったネットワークを構築する研究も進められている。このような研究は特に**トランスオミクス**（trans-omics）解析と呼ばれる[52)]（図 1.40(b)）。

ネットワークを構築した後は，そのネットワークがどのような特徴を持つかについての解析が行われる。例えば，内部では密に辺が存在するが，外部との辺は少ないような頂点の集合であるコミュニティを検出したり，多数の辺を持つ頂点であるハブノードの検出などを行うことで，ネットワーク全体から注目すべき遺伝子群を検出することが行われる（**図 1.41**）。また，ネットワークの

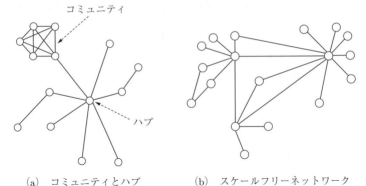

(a) コミュニティとハブ　　　(b) スケールフリーネットワーク

図 1.41 ネットワークの特徴解析

全体的な特徴として，生物ネットワークが**スケールフリー**（scale free）である
かについての解析が注目を集めている[53]。スケールフリーとは，各頂点に接続
されている辺の数（次数）の分布を計算すると，その分布がべき乗則に従うこ
とを意味する。ネットワークがスケールフリーである場合は，一部の頂点のみ
が大きな次数を持つ（多数の頂点とつながっている）一方，大多数の頂点の次
数が小さくなる（ほとんどほかの頂点とつながっていない）という特徴を持つ。
SNS でのソーシャルネットワークや航空網など現実世界に存在するネットワー
クは多くがスケールフリーであると考えられており，生体ネットワークがスケー
ルフリーであるのかについては多くの議論がある[54]。このようなネットワーク
解析手法は複雑ネットワーク解析と呼ばれている。生物ネットワーク解析の詳
細については本シリーズの『生物ネットワーク解析』を参照いただきたい。

　また，生体分子間の関係性（ネットワーク上の辺）が微分方程式で記述され
ている場合，すなわち微小時間における分子の量の増減が記述されている場合，
細胞内の分子量の時系列シミュレーションを行うことが可能となる。このこと
により，例えばある分子の量が増加/減少した際，別の分子の量がどのように
変化していくかをシミュレーションすることができる。ほとんどの生物ネット
ワークでは，微分方程式の数が多くまたネットワーク構造は複雑であり，解析的
に解くことができないため，このようなシミュレーションは数値計算を繰り返

すことで行われる。このように，生体内のネットワークを回路/システムとして捉え，そのシステムの挙動や特性を解析する学問分野は**システムバイオロジー**（systems biology）と呼ばれる。システムバイオロジーの詳細については，本シリーズの『システムバイオロジー』を参照いただきたい。

1.7.4　遺伝子オントロジー解析

オミクスデータ解析では，解析の結果抽出された遺伝子群に含まれる遺伝子に対して，生物学的に共通する機能があるか調査することが頻繁に行われる。例えば転写因子の ChIP–seq 実験を行った際，その転写因子が制御している遺伝子群に共通する機能を知りたいような場合が挙げられる。もしその遺伝子群に免疫に関与する遺伝子が多く集まっていたならば，もとの転写因子は免疫機構を制御しているといえるようになり，よりその転写因子に関する理解が進むこととなる。**遺伝子オントロジー**（gene ontology；GO）解析とは，そのような機能解析を行う手法の一つであり，遺伝子のリストを入力として，リストにエンリッチしている GO ターム（リストに偏って頻出している機能）を出力として返す[55]。GO 解析はこの「エンリッチ」という表現を用いるため，一般的に（GO）エンリッチメント解析とも呼ばれる。

オントロジーとは元来ギリシア語で「存在」を意味する哲学用語であるが，それが転じて情報科学の分野においては，対象とする事象・知識の背景にある概念を明示的に（コンピュータでも取り扱えるよう）表現することを意味する。オントロジーは「概念」と「概念間の関係」から構成されており，対象とする知識はそのオントロジーに基づいて記述される。遺伝子オントロジーは遺伝子の性質を記述するために定義されたオントロジーであり，性質が階層的に記述されている。ここでいう階層的とは，例えば "adenylate cyclase activity" は "cyclase activity" の下位となる概念であり，さらに "cyclase activity" は "catalytic activity" の下位となる概念であるというように，概念間に上位・下位の構造が付与されていることを意味する。**図 1.42** は遺伝子オントロジーの例であり，矢印の先が上位概念，矢印のもとが下位概念である。ただし階層構造は木

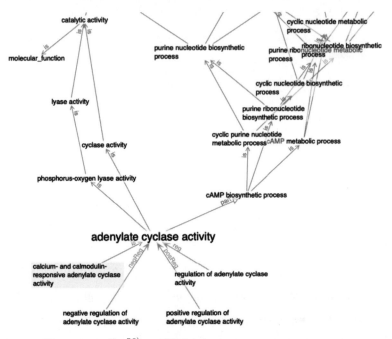

図 1.42　OLSVis [56] で可視化された GO ターム "adenylate cyclase activity" 周辺の遺伝子オントロジーの構造

ではなく，ある概念は複数の上位概念を持ちうる。例えば先ほどの "adenylate cyclase activity" は，"cyclase activity" だけではなく "phosphorus–oxygen lyase activity" の下位概念でもある。ただし閉路を含まないため，構造としては有向無閉路グラフとなっている。遺伝子オントロジーでは最上位の概念として "biological process"（生物学的プロセス），"cellular component"（細胞の構成要素），そして "moleucular function"（分子機能）の三つが存在している。生物学的プロセスとは，その遺伝子が持つ生物的な機能を意味し，例えば DNA 修復や体内時計がその下位概念に存在する。また細胞の構成要素とは，その遺伝子が実際に機能する細胞内小器官あるいはその遺伝子が属する安定的な高分子複合体を意味し，ミトコンドリアやリボソームがその下位概念として存在する。最後に分子機能とは，その遺伝子の分子的な機能を意味し，酵素や輸送体（物質の輸送を行うタンパク質）などがその下位概念となる。遺伝子オントロ

ジーでは，この各概念は GO タームと呼ばれており，それぞれに ID が割り振られている。GO 解析では，遺伝子群に特定の GO タームが統計的に有意に頻出しているか（エンリッチしているか）の解析を行う[57]。

　GO タームを各遺伝子へ割り当てる（遺伝子機能をアノテーションする）際には，生物学的な実験によって根拠が得られている場合もあれば，情報科学的に推測されている場合も存在する。推測手法には多様な方法が存在するが，一例として配列類似性を利用する方法では，GO ターム未知の遺伝子が GO ターム既知の配列と類似している場合に同じ GO タームを持つと推測する。また，実際に実験を行った論文の著者やデータベースのキュレーターなどによって人手でアノテーションした場合もあれば，人手を介さずコンピュータによって自動的に割り振られたアノテーションも存在する（大部分はコンピュータによる自動アノテーションである）。各アノテーションが，どのような根拠で，あるいは誰にアノテーションされたかを示すエビデンスコードも各アノテーション内には含まれているため，それを参照することも可能である。また解析の前提条件として，すべての遺伝子に GO タームが割り当てられているわけではないことには留意する必要がある。例えば研究があまり進んでいない生物や，あるいはヒトのように研究が進んでいる生物であっても非コード RNA である lncRNA には，アノテーションがついていない遺伝子が多数存在する。

2 生体分子の高次構造と 分子間相互作用

■ bioinformatics ■■ ■ ■ ■ ■ ■ ■ ■ ■ ■ ■ ■

　第 1 章で紹介してきた DNA や RNA，タンパク質は，細胞内という三次元空間中に存在する物質であり，複製・転写・翻訳によって合成された後に，それぞれが適切な立体構造に折り畳まれることで，その生体分子としての機能を発揮することができる。これらの生体分子は単独で機能することはほとんどなく，ほかの分子との間で結合（相互作用）することで機能している。例えば，第 1 章で紹介した DNA 複製を行う DNA ポリメラーゼ，転写を行う RNA ポリメラーゼ，翻訳を行うリボソームなどのような名称のあるものは，単一の生体分子（タンパク質）から構成されるような印象を持たれることがあるが，実際には多数の分子が相互作用することにより構成される非常に大きな複合体である。そのため，生体分子の細胞内での機能を理解する上で，その立体構造と分子間相互作用を理解することは重要である。本章では，生体分子の立体構造やさまざまな分子間相互作用について説明を行う。

2.1　生体分子の立体構造決定法と構造データ

　生体高分子の立体構造は，おもに **X 線結晶解析**（X–ray crystallography），**核磁気共鳴法**（nuclear magnetic resonance；NMR），**電子顕微鏡法**（electron microscopy）の 3 種類の実験手法によって決定される（個々の実験手法の詳細については，文献 58) を参照されたい）。この三つの手法のなかでは，X 線結晶解析が最も広く使われており，現在，生体高分子の立体構造の 87%（2022 年調

べ）はこの手法を用いて決定されている[†1]。

　それぞれの実験手法で決定された立体構造の特徴としては，X線結晶解析はサイズの小さい分子から大きな複合体まで幅広く対応しており，原子の位置が比較的正確[†2]であるという利点が挙げられるが，手法の名称のとおり，結晶状態での生体分子の立体構造になるので，結晶化に際し，立体構造が変化していることに注意が必要である。NMRで決定される立体構造は，溶液中の構造を反映しており，一つのデータのなかに複数のモデル構造が記載されていることが多いため，溶液中での構造のゆらぎを見ることが可能であるが，サイズの小さい分子にしか対応していないという欠点がある。電子顕微鏡法は，NMRと反対に，小さい分子には適していないが，非常に大きな分子や複合体の立体構造を決定することに適している。特に，近年開発された**低温電子顕微鏡法**（cryo-electron

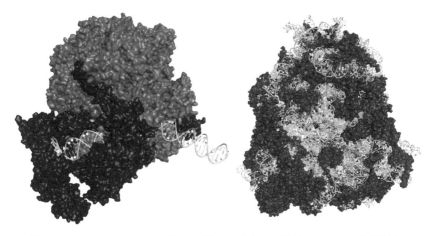

（a）　RNA ポリメラーゼ II（灰色：12 種類のタンパク質から構成）と基本転写因子群（黒色：9 種類のタンパク質から構成）による転写開始前複合体が DNA（白色）と結合した状態（PDBID：5IYB）

（b）　76 種類のタンパク質（黒色）と 4 種類の rRNA（白色）からなるリボソームと 1 種類の tRNA（白色）が結合した状態（PDBID：6QZP）

図 2.1　低温電子顕微鏡法で決定された巨大複合体の立体構造

[†1]　NMRと電子顕微鏡法で決定された立体構造の割合は，それぞれ 7％，6％である。
[†2]　解像度が高いと表現することもある。解像度の高い構造の多くは X 線結晶解析で決定されているが，X 線結晶解析の構造が必ず高い解像度であるとは限らない。

microscopy）による高分解能の立体構造決定法は注目を集めており，この手法を用いることでヒトの転写開始前複合体（1.1.2 項）やリボソーム（1.1.3 項）などの巨大な複合体の立体構造を決定することも可能である（**図 2.1**）。なお，この高分解能の低温電子顕微鏡法の開発に携わったドゥボシェ（Jacques Dubochet），フランク（Joachim Frank），ヘンダーソン（Richard Henderson）の 3 人は，2017 年のノーベル化学賞を受賞している。

　決定された立体構造は，既定の形式に従ってデータ化され，公共データベースである Protein Data Bank（PDB）[†1]に登録された後，それらのデータを自由に取得することが可能になっている。この生体分子の立体構造データには，その分子を構成している各原子について，その原子が属しているアミノ酸やヌクレオチドの種類，原子の種類，原子の中心点の三次元空間における座標，原子の熱振動によるゆらぎの指標などの情報が記載されている。座標における長さの単位は，**オングストローム**（angstrom）（Å）が用いられる（$1\,\text{Å} = 10^{-10}\,\text{m} = 0.1\,\text{nm}$）。

2.2　生体分子に働く力・化学結合

　1.1 節で説明したように，DNA や RNA，タンパク質は，基本的な構成単位であるヌクレオチドやアミノ酸が共有結合によって 1 本の鎖状に連結されている。共有結合は強固な結合であるため，生体内で自然に切断される[†2]ことはほぼなく，直鎖状の一次構造が保たれる。これらの生体高分子は，共有結合によって連結された一次構造の制約のなかで，それぞれが独自の立体構造を形成し，さらにはほかの分子との結合・解離をすることによって細胞内で機能している。生体高分子の立体構造形成やほかの分子との相互作用には，共有結合以外の比較的弱い化学結合である**非共有結合**（non–covalent bond）が重要な役割を持つ。例えば翻訳を担うリボソームは，4 種類の rRNA と約 80 種類のタンパク質が一つに結合した巨大な RNA–タンパク質複合体であるが，複合体内の RNA と

[†1]　名称に protein がついているが，DNA や RNA の構造も登録されている。
[†2]　ここでは室温における原子の熱運動によるゆらぎが原因の切断を指す。

タンパク質間の相互作用およびそれぞれの RNA とタンパク質の適切な立体構造形成には，非常に多くの非共有結合が寄与している。本節では，生体分子の立体構造形成や分子間相互作用に働く力や化学結合について紹介する。

2.2.1 静電相互作用

静電相互作用（electrostatic interaction）とは，タンパク質中のアルギニン（R）やリジン（K），アスパラギン酸（D）やグルタミン酸（E）のように正または負の電荷（±1 価）を持つアミノ酸や，1 価より小さい部分電荷を持つ極性アミノ酸の間に働く**静電力（クーロン力；Coulomb force）**である[†1]。異なる極性の原子間には引力，同じ極性の原子間には反発力が働くため，タンパク質のように正または負の電荷を持つ原子が点在する分子では，引力・反発力の両方が各所で働いている。一方，DNA や RNA の構成単位であるヌクレオチドは，すべてのヌクレオチドに共通のリン酸基部位に負電荷を持っている。この負電荷の存在により，核酸のリン酸基同士の間には反発力が働き，両者の接触は妨げられている。

クーロン力は，電荷を持つ二つの原子間の距離および**比誘電率**（dielectric constant）に反比例する力であるため，その原子を取り巻く環境によって力の大きさは変化する。これは，真空中（比誘電率 1）やタンパク質分子内部（比誘電率 2～5）の環境では大きな力として作用する。一方，細胞のなかのように水分子に囲まれた環境（比誘電率 80）では，クーロン力の影響は小さくなる。これは，生体分子のなかで正の電荷を持つ原子の周りには，水分子のなかの負の部分電荷を持つ酸素が集まり，負の電荷を持つ原子の周りには，水分子のなかの正の部分電荷を持つ水素が集まることで，より離れた距離に及ぶクーロン力を弱めているためである。このことは水による**静電遮蔽効果**（electrostatic shielding effect）と呼ばれる[†2]。

[†1] 1 価の電荷を持ち，イオン化している分子同士のクーロン力による結合はイオン結合とも呼ばれる。

[†2] 細胞内の水溶液中に含まれる各種イオン（ナトリウムイオンや塩素イオンなど）も静電遮蔽に寄与している。

2.2.2　水　素　結　合

　共有結合を形成している原子の間では，共有している電子をそれぞれの原子が自分側に引き寄せようとする。この引き寄せる強さは，**電気陰性度**（electronegativity）と呼ばれ，原子ごとにその強さは異なる。電気陰性度の大きく異なる二つの原子同士が共有結合を形成しているとき，電気陰性度の高い原子側に電子が引き寄せられることによって負の部分電荷が生じ，電子から少し離れてしまった反対側の原子に正の部分電荷が生じる。このような電荷の偏りが生じている分子は**極性分子**（polar molecule）と呼ばれる。生体高分子のなかでは，水素原子（H）に対して電気陰性度のより大きな原子である窒素（N），酸素（O），フッ素（F）などが水素原子と共有結合を形成することによって，水素原子側が正の部分電荷を持ち，窒素や酸素側が負の部分電荷を持っている。**水素結合**（hydrogen bond）とは，–DH⋯A– のようにドナー原子（D；水素結合供用体）と共有結合を形成し，正の部分電荷を持つ水素原子（H）と，その近傍に存在し，負の部分電荷をもつアクセプター原子（A：水素結合受容体）の間に働く静電相互作用の一種である。水素結合は，非共有結合のなかでは比較的強い結合であり，その強さは，ドナーおよびアクセプター原子の部分電荷の大きさと∠DHA の角度に依存しているため（180° が最も安定），指向性のある結合である。この水素結合の強さと指向性は，生体分子の固有の立体構造形成や，分子間の相互作用の高い特異性を実現するために重要な役割を担っている。

　DNA や RNA・タンパク質の高次構造のなかには，非常に多くの水素結合が存在しており，高次構造の安定化に水素結合は大きく寄与している（**図 2.2**）。一方，生体分子を取り巻く環境にも目を向けてみると，細胞のなかは水分子（H_2O）で満たされている。この水分子も極性分子であるため，生体分子と水分子の間，および水分子同士が水素結合を形成することができる。水同士の水素結合は，熱運動によるゆらぎによって絶えず水素結合の切断・形成が生じており，水分子は水素結合の相手を変えながら，絶えず移動している。

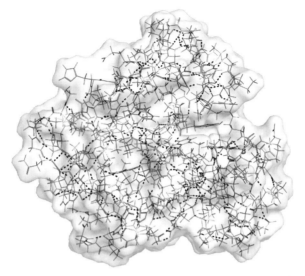

図 2.2　タンパク質立体構造中の水素結合（PDBID；1WLA）
（水素結合は黒色の破線で表示）

2.2.3　疎水性相互作用

　タンパク質を構成しているアミノ酸のなかで，アラニン（A）やバリン（V），ロイシン（L），イソロイシン（I），フェニルアラニン（F），トリプトファン（W），プロリン（P）は，電荷および極性を持たないため**非極性**（non-polar）のアミノ酸に分類される（表 1.1）。これらのアミノ酸側鎖は，極性分子である水と相互作用しにくいため，**疎水性**（hydrophobic）のアミノ酸とも呼ばれ，反対に水と相互作用しやすいアミノ酸は，**親水性**（hydrophilic）のアミノ酸と呼ばれる。水のなかに油滴が存在するときと同じように，細胞内のように水に囲まれた環境では，疎水性アミノ酸は，同じ性質を持つアミノ酸同士で集まることで水分子との接触が避けられる。一方，親水性のアミノ酸は水と接触するように配置される。その結果，多くタンパク質は，水と接触する表面（溶媒である水に露出している面）に親水性のアミノ酸，タンパク質の内部に疎水性アミノ酸が集まり，球形の立体構造をとることとなる。このようなタンパク質が，1.6.4項でも解説した球状タンパク質である。

　タンパク質を取り囲んでいる水は，水分子同士が水素結合を多数形成することで安定化されているが，水のなかに疎水性分子が存在するとき，疎水性分子の周りでは水分子の水素結合が阻害される。そのため，複数の疎水性分子が水中に散在する状態は，水中の至る所で水分子の水素結合が阻害された不安定な状態である。一方，疎水性分子同士が一つに凝集している状態は，散在している状態と比べて，水分子の水素結合を阻害することが少なくなるため，より安定な状態となる。**疎水性相互作用**（hydrophobic interaction）とは，このような水中に存在する疎水性分子に着目したときに，疎水性分子同士が集まろうとしているように見える「見かけの力」である。疎水性相互作用は，球状タンパク質以外にも，脂質から構成された膜（細胞膜など）に埋もれた**膜タンパク質**（membrane protein）でも見ることができる（**図 2.3**(a)）。これらのタンパク

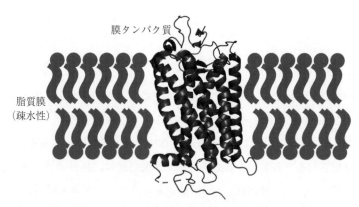

（a）　脂質膜に存在する膜タンパク質の立体構造（PDBID：1F88）

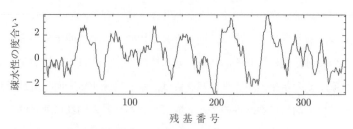

（b）　アミノ酸配列に対する疎水性プロット（EMBOSS Pepinfo を使用）

図 2.3　膜タンパク質ロドプシンの疎水性相互作用

質では，疎水性の脂質の膜に埋もれる部位には疎水性アミノ酸が配置されることで疎水性相互作用が生じており，膜の外の水分子に接触する部位には，親水性アミノ酸が配置される特徴的な構造を形成している。表 1.1 のアミノ酸ごとの疎水性指標に基づいて，タンパク質のアミノ酸配列における疎水性の度合いを表現したものは**疎水性プロット**（hydropathy plot）と呼ばれ，膜タンパク質中の脂質膜に埋もれている領域は高い値を示す（図 2.3(b)）。

2.2.4 スタッキング相互作用

DNA や RNA を構成するヌクレオチドのなかの 4 種類の塩基部位は，それぞれ平面な環状の構造を持っている[†1]。同様にタンパク質を構成するアミノ酸のうち，フェニルアラニン（F），トリプトファン（W），チロシン（Y），ヒスチジン（H）は，**芳香族アミノ酸**（aromatic amino acid）に分類され，側鎖に平面な環状の構造（芳香環）が存在する（表 1.1）。**スタッキング相互作用**（stacking interaction）とは，このような平面な環状構造を持つ分子同士が並行あるいは垂直に配置されることで安定化する力のことである[†2]。スタッキング相互作用による安定化が最も顕著な例として，DNA や RNA の塩基対を形成している部位が挙げられる。DNA や RNA の塩基対は，両隣の塩基対とのスタッキング相互作用によって安定化されているため，塩基対同士がほぼ平行に配置された構造になっている（**図 2.4**(a)）。一方，環状構造どうしが垂直に配置されるスタッキング相互作用は，タンパク質の立体構造内部でしばしば観察される。また，スタッキング相互作用は，二つの生体分子が相互作用によって複合体を形成している部位にも用いられており，例えば，RNA とタンパク質の結合部位において，RNA の塩基とタンパク質の側鎖がスタッキング相互作用を形成する例が知られている（図 2.4(b)）。

[†1] ヌクレオチドのリボースおよびデオキシリボースも環状構造であるが平面な形状ではない。

[†2] 環状ではないが平面形状の側鎖を持つアミノ酸のアルギニン（R）もスタッキング相互作用を形成できる。

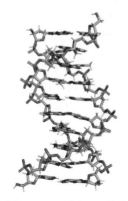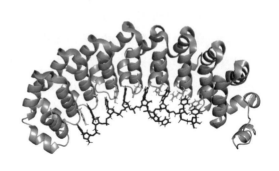

（a）　DNA二重らせん構造　　　　　　（b）　RNA–タンパク質の結合部位
　　　（PDBID：1D23）　　　　　　　　　　　（PDBID：3BSX）

図 2.4　スタッキング相互作用

2.2.5　ファンデルワールス力

　ファンデルワールス力（van der Waals force）とは，ロンドン分散力，双極子–双極子相互作用，双極子–誘起双極子相互作用と呼ばれる3種類の力をまとめたものである。これらは，二つの原子間の距離の6乗に反比例するため，非常に弱い力であるが，すべての原子のペアの間に働くため，生体高分子のように多数の原子から構成される場合，分子全体としてのファンデルワールス力の総和は，ある程度大きくなる。特にタンパク質の場合，立体構造内部では原子どうしが非常に密に充填されており，空間充填率（単位空間中のタンパク質原子の占める割合）は0.7を超える。このように多くの原子がたがいに近い距離で密に存在する環境では，大きなファンデルワールス力が働き，その分子の構造を安定化させている。

2.3　生体分子の高次構造

　DNAやRNA，タンパク質は，それぞれが複製・転写・翻訳により合成された後，独自の立体構造を形成することで安定的に存在・機能している。本節で

は，DNA，RNA およびタンパク質の高次構造とその特徴について解説する。

2.3.1 DNA の構造

1.1 節で説明したように，DNA は A，C，G，T の 4 種類のヌクレオチドが 1 本の鎖状に連なった分子であり，その立体構造は，基本的に 2 本の DNA 分子が A と T の間に 2 本の水素結合，C と G の間に 3 本の水素結合を形成することで右巻きの二重らせん構造をとっている（図 **2.5**）。

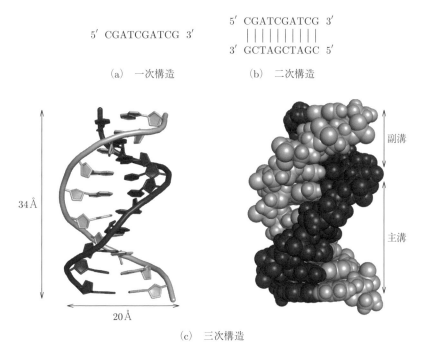

5′ CGATCGATCG 3′

(a) 一次構造

5′ CGATCGATCG 3′
||||||||||
3′ GCTAGCTAGC 5′

(b) 二次構造

34Å

20Å

副溝

主溝

(c) 三次構造

図 **2.5** DNA の構造の例（PDBID；1B23）

二重らせん構造は，塩基対を構成する水素結合と，隣り合う塩基対同士のスタッキング相互作用によって安定化されている。この DNA の二重らせん構造は，10 塩基対で 1 回転しており，その直径は約 20 Å，1 回転分の長さは約 34 Å である。また，二重らせん構造には，二つの幅が異なる溝が存在しており，広

いものを**主溝**（major groove），狭いものを**副溝**（minor groove）と呼ぶ。主溝の幅は約 15 Å あり，副溝は約 7 Å 程であるが，これらは DNA の塩基配列に依存して大きく変化する。なお，ここで説明した DNA の二重らせん構造は，B 型と呼ばれる DNA の立体構造であり，生体内における DNA はおおむねこの構造をとっている。B 型 DNA の構造は，ワトソンとクリックにより提案された二重らせん構造でもある。ほかの DNA らせん構造としては，同じ右巻きの A 型，左巻きの Z 型の構造が知られており，塩濃度や相対湿度などの DNA を取り巻く環境によって，これらの構造をとることがある。

DNA の一次構造は塩基配列として表現され，三次構造は上記の二重らせん構造であるが，二次構造についても触れておく。DNA や RNA の二次構造とは，塩基配列と各塩基が形成している塩基対を表現したものである。生体内の DNA は，基本的に 2 本鎖の状態で存在しており，DNA の片側の塩基配列（一次構造）がわかれば，その配列と相補的な塩基配列との間に 1 対 1 の塩基対を形成しているため，生体内の 2 本鎖 DNA の二次構造については自明である。

なお近年，DNA を素材として利用し，ナノスケールで任意の形をデザインし，その構造体をつくる**DNA オリガミ**[59]と呼ばれる技術が急速に普及している。これは，DNA が相補的な配列どうしで塩基対を形成するという特徴を利用しており，1 本鎖の非常に長い DNA に対して，多数の相補的な短い 1 本

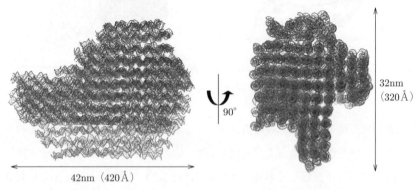

42nm（420Å）　　32nm（320Å）

図 **2.6**　DNA オリガミによるナノスケール構造物（PDBID；4V5X）

鎖 DNA を塩基対によって結合させ長い DNA を任意の形に折り畳むことで実現されている。図 **2.6** の場合，1 本の長い DNA と 161 本の短い DNA から構成されている。DNA オリガミのデザインにおいては，非常に多くの DNA 鎖の間で塩基対を形成を制御しなければならないため，DNA の二次構造を考慮することも重要となる。

2.3.2 RNA の 構 造

RNA も DNA と同様に，A，C，G，U の 4 種類のヌクレオチドが 1 本の直鎖上に連なった分子であるが，DNA とは異なり，1 本鎖の状態でも安定して存在，機能することが可能な分子である。RNA の塩基対は，ワトソン–クリック型の A と U のペアが 2 本の水素結合，C と G のペアが 3 本の水素結合により形成されるほか，G と U のペアがゆらぎ塩基対として 2 本の水素結合によって形成可能である。1 本鎖 RNA のなかの塩基同士が分子内で塩基対を形成することにより，RNA は非常に複雑な高次構造を形成することができる。

RNA の二次構造には，図 **2.7**(b) のように塩基対を形成している領域と形成していない領域が存在し，前者は**ステム**（stem）**構造**，後者は**ループ**（loop）**構造**と呼ばれる。RNA のステム構造は，DNA と同じく塩基対を構成している水素結合およびスタッキング相互作用によって安定化されているが，塩基対を形成している領域が短いと，安定なステム構造を長時間保持することができない。また，B 型のらせん構造の DNA に対して，RNA は A 型の太めのらせん構造をとることが多い。RNA の二次構造を観察すると，しばしば二つの異なるループ構造の間で形成される塩基対を見つけることができる。この部分は，**シュードノット**（pseudoknot）**構造**と呼ばれ，RNA の特徴的な三次構造形成に寄与していることが多い（図 2.7(b)）。塩基対を形成していないループ構造は，塩基対やスタッキング相互作用の制約を受けないため，三次元的に自由度の高い領域であり，塩基部分がさまざまな方向へと動くことが可能である。また，ループ構造は塩基対を形成していないため，塩基部分の水素結合ドナーおよびアクセプター原子が露出しており，タンパク質などのほかの分子との水素結合に利

5′ CGCUUCAUAUAAUCCUAAUGAUAUGGUUUGGGAGUUUCUACCAAGAGCCUUAAACUCUUGAUUAUGAAGUG 3′

(a) 一次構造（塩基配列）

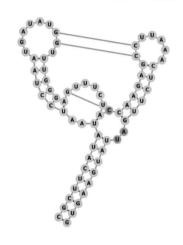
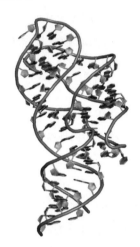

(b) 二次構造（二つのループ構造を結ぶ
線はシュードノットの塩基対）

(c) 三次構造

図 **2.7** RNA の構造（PDBID；1Y26）

用されやすい。

　RNA の機能と二次構造の間には密接な関係があることが多く，二つの RNA
間で塩基配列（一次構造）が異なっていても，類似の二次構造を形成する場合，
それらの RNA の機能も類似していることが多い[60]。例えば，非コード RNA
の一つである tRNA は，数十種類存在しており，それらの塩基配列は多様であ
るが，特徴的なクローバーリーフ型の二次構造を共通して形成することが知ら
れている。そのため，生体内に存在するさまざまな RNA の機能を知る上で，
RNA の二次構造は非常に重要な情報となっている。RNA の三次構造ももちろ
ん重要な情報であるが，RNA の三次構造を実験的に決定することは，RNA の
高い柔軟性の影響で非常に難しく，また塩基配列のみから三次構造をコンピュー
タによって予測することも現状では非常に困難である。そのため RNA の構造
解析では二次構造に焦点を当てて研究されることが多く，二次構造を実験的に
調べる手法や，塩基配列から二次構造を予測するバイオインフォマティクス手

法が利用されている。実験的に RNA の二次構造を調べる手法としては，RNA中の各塩基について塩基対を形成しているか否かをシーケンサーを用いて網羅的に調べる方法が数多く提案[†1]されており，これらは **RNA 構造プロービング法**（RNA structure probing）と総称されている。ただし RNA 構造プロービング法は，各塩基単位での塩基対形成の有無を調べることはできるが，塩基対を形成している二つの塩基をペアとして特定することはできないという問題もある。コンピュータを用いた RNA 二次構造の予測手法では，塩基対の水素結合およびスタッキング相互作用の熱力学的なパラメータに基づいて，RNA の塩基配列から安定な塩基対および二次構造を比較的高い精度で予測する[†2]ことが可能である。しかし現状ではまだ，完全に信頼がおけるほど予測精度が高いわけではないため，RNA の二次構造予測は現在でもバイオインフォマティクスにおける重要な課題の一つである。RNA 配列解析の詳細については，本シリーズの『RNA 配列情報解析』を参照いただきたい。

2.3.3　タンパク質の構造

DNA や RNA の二次構造は，各ヌクレオチドの固有の塩基部分での水素結合により形成されていたが，タンパク質の二次構造はすべてのアミノ酸が共通して持っている主鎖部分での水素結合により形成される。各アミノ酸の主鎖のアミノ基とカルボキシ基は，水素結合のドナーおよびアクセプターを持っているため，水素結合を形成することが可能である。タンパク質の一部の領域で，この主鎖の水素結合が規則的に形成されることで，αヘリックス（α helix）とβシート（β sheet）と呼ばれる二次構造が形成される。このタンパク質の二次構造は，1951 年にポーリング（Linus Pauling）によってその概念が提唱され，その後の X 線結晶解析によって存在が明らかとなった。

αヘリックスは，**図 2.8**(a) のように，タンパク質の一次配列上で，任意の位

[†1]　代表的な手法としては，SHAPE–seq 法[61]），PARS 法[62]），DMS–seq 法[63]）などが挙げられる。

[†2]　代表的なソフトウェアとして，RNAfold[64]）や CentroidFold[65]）などが挙げられる。

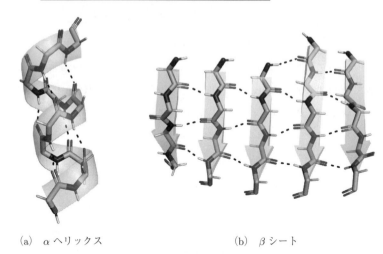

(a)　α ヘリックス　　　　　　(b)　β シート

図 **2.8**　タンパク質の二次構造（PDBID；1NU4 の部分
構造，アミノ酸の主鎖部分のみを表示し，水素結合は
破線で表示）

置のアミノ酸の主鎖が 4 残基離れたアミノ酸の主鎖との間で水素結合を形成し，
さらに隣のアミノ酸も同様の水素結合の形成を順次繰り返すことでつくられる
右巻きのらせん構造である。このらせん構造は，アミノ酸 3.6 残基で 1 周し，一
つのアミノ酸で約 100° 回転，らせんの進行方向に向かって約 1.5 Å 進む。α ヘ
リックスのなかでは，らせん構造の内側に主鎖，外側に側鎖が配置される。ま
た，α ヘリックスとは異なり，一つのアミノ酸で約 120° 回転する 3_{10} ヘリック
スなど，非標準的ならせん構造もタンパク質の立体構造中には含まれているこ
とがある。

　β シートは，図 2.8(b) のように，アミノ酸配列上で隣同士のアミノ酸のアミ
ノ基とカルボキシ基が交互に反対向きに飛び出した，β ストランドと呼ばれる
1 本の主鎖構造が複数本平行に並ぶことで，規則的な水素結合が形成されてで
きるシート状の構造である。隣り合う β ストランドが同じ向きに並行に並んで
いれば，**平行 β シート**（parallel β sheet）と呼ばれ，逆向きであれば，**逆平
行 β シート**（anti-parallel beta sheet）と呼ばれる。β シートを構成するそれ
ぞれの β ストランドは，必ずしも一次構造上で連続している必要はなく，アミ

ノ酸配列上で離れたいくつかの部分配列が β シートの形成に関与することもある。また，アミノ酸配列上で隣接している二つの β ストランドが $180°$ 折り返したような逆平行の配置でシートを形成しているとき，その部分を β ターン構造と呼ぶことがある。

α ヘリックスと β シートに当てはまらない部分は，**ループ**（loop）や**コイル**（coil）と呼ばれ，特定の構造をとっておらず，複数の二次構造はループによってつながれている。現在，さまざまなタンパク質の立体構造が明らかになったことで，数個の二次構造要素がつながった部分構造が，さまざまなタンパク質で共通して発見されている。このような共通構造は，**超二次構造**（supersecondary structure）や**構造モチーフ**（structural motif）と呼ばれている。

タンパク質のより高次の構造に着目すると，タンパク質の三次構造は，特定の組合せの二次構造や構造モチーフが，三次元空間上でほかの部分とは独立して折り畳まれた**ドメイン**（domain）と呼ばれる単位に分けることができる。個々のドメインは，タンパク質の特定の機能を担っていることが多く，例えば，RRM（RNA recognition motif）や KH（K homology）ドメインは RNA に結合するという機能を持っている。多くのタンパク質は複数個のドメインを持つ**マルチドメイン**（multi-domain）のタンパク質である。異なる機能のドメインを組み合わせることで，タンパク質としてより複雑で高度な機能を実現したり，1 種類のドメインを複数個繰り返し持つことで，そのドメインの機能を増幅させたりすることが可能である。例えば，転写因子（1.4.1 項）は，DNA 結合ドメインと転写活性化ドメイン（メディエーターと結合するドメイン）の二つを持っているため，DNA に結合して転写を活性化するという一連の機能を実現できている。またそれぞれのドメインは，その部分だけをタンパク質から切り出しても単独で機能できることが多いため，特定の機能を持ったドメインを別のタンパク質の末端に融合させることで，本来のタンパク質に新たな機能を追加することも可能である。このような融合タンパク質は，分子生物学の実験で頻繁に用いられる。2.4.5 項で説明する GAL4 タンパク質を用いた実験手法は，この性質を巧みに利用している。また，マルチドメインのタンパク質は進化の過

程でも新たに生じることがあり，例えば，ある生物種では二つのタンパク質が分子間相互作用をすることで機能を発揮している一方，別の生物種ではそれら二つが融合して一つのタンパク質になって機能している場合がある。比較ゲノム解析において検出されるこのような遺伝子融合の情報は，タンパク質間の機能的関連を推定する際に有用であり，**ロゼッタストーン法**（Rosetta stone）と呼ばれる。

　タンパク質の立体構造は，X 線結晶解析をはじめとした実験手法によって数多く決定されてきたが，個々の構造を決定するには多くの時間・コストが必要となる。そのため，タンパク質の二次構造や立体構造をコンピュータにより予測する研究は，バイオインフォマティクスにおける重要な課題として数十年前から取り組まれてきた。特にタンパク質の立体構造予測の分野では，新たな予測手法の開発や既存手法の予測精度向上の促進を目的とした CASP（Critical Assessment of protein Structure Prediction）と呼ばれる国際コンテストが，1994 年から 2 年に一度の頻度で継続的に開催されており，現在では世界中から多くの研究グループが参加している。2018 年に開催された CASP13 では，DeepMind 社[†]が開発した AlphaFold が 1 位を獲得し，さらに 2020 年に開催された CASP14 では，AlphaFold2 が 2 位以下のグループを大きく引き離すきわめて高い予測精度で立体構造予測を成功させ，同じく 1 位を獲得したことで大きな注目を集めた。DeepMind 社は 2021 年に AlphaFold2 の予測手法の詳細を発表し[66]，さらに AlphaFold2 を用いて，ヒトの 2 万種類のタンパク質をはじめとした 20 生物種のさまざまなタンパク質のアミノ酸配列から立体構造を予測し，予測された立体構造のデータベースを，ヨーロッパバイオインフォマティクス研究所（European Bioinformatics Institute；EBI）と共同で構築・公開している。タンパク質の構造解析の詳細については，本シリーズの『タンパク質の立体構造情報解析』を参照いただきたい。

[†]　現在，Google の親会社である Alphabet 社の傘下にある会社である。囲碁の分野で世界トップ棋士に勝利した AlphaGo（アルファ碁）のプログラムを開発したことで広く知られている[67]。

2.4 分子間相互作用

　タンパク質に限らずすべての生体高分子は，合成されてから分解されるまでの間に，さまざまなほかの分子と結合（または相互作用と呼ぶ）することで，それぞれの分子の機能を発揮することが多く，単独の1分子のみで合成～機能～分解まですべての過程が完結することは，あまり起こらない。そのため，個々の生体分子の機能を考える上で，その分子がほかのどの分子と相互作用するのかを知ることは非常に重要である。また，医薬品のように生体内に存在しない外来性の化合物の投与によって，内在性の生体分子の機能を抑制あるいは活性化させる際にも，生体分子と化合物との間の相互作用を考慮することが必要不可欠である。この節では，代表的な生体分子どうしおよび生体分子と化合物間の**分子間相互作用**（intermolecular interaction）について説明する。

2.4.1　相互作用の特異性

　生体分子の関わる相互作用において，特定の分子どうしのペアのみが強固な結合を可能にし，ほかの分子との結合は弱いか，もしくは結合できないという**相互作用の特異性**（interaction specificity）は重要な概念である。生体分子が非常に限られた目的・機能のみを正確に実行する際，その機能に関わる分子間の相互作用は高い特異性を示すことが多い。また，医薬品と生体分子の相互作用も同様に特異性が高くなければ，医薬品が本来標的としていない分子と相互作用してしまい（オフターゲット効果），思わぬ副作用につながってしまう可能性がある。このような相互作用の特異性は，結合する二つの分子の一次構造あるいは高次構造上の特徴的な部分同士が近づき，さまざまな化学結合によって結合状態が安定化されることで実現される。

　一方，生体分子の関わる相互作用は，すべてが高い特異性を必要としているわけではない。1種類の分子がさまざまなほかの分子に結合して，広く影響を与えるような機能を持っている場合，特異性の低い（非特異的）相互作用のほ

うが重要となる。以降の項では，各種相互作用についての特異性についても具体例を交えながら説明する。

2.4.2　DNA–タンパク質相互作用

　DNA から DNA への複製や DNA から RNA への転写の過程では，さまざまなタンパク質が DNA を認識し，結合することが必要不可欠である。これまでに紹介してきた転写因子（1.4.1 項）やヒストン（1.4.2 項）は，DNA に結合する機能を有するタンパク質であり，このようなタンパク質を総称して **DNA 結合タンパク質**（DNA binding protein），また，DNA との間の相互作用を **DNA–タンパク質相互作用**（DNA–protein interaction）と呼ぶ。

　DNA とタンパク質が結合している状態の立体構造をもとに DNA–タンパク質相互作用に働く力を考えると，DNA はすべてのヌクレオチドに共通なリン酸基が負の電荷を持っているため，分子全体が負に帯電している。このため，DNA 結合タンパク質は，正の電荷を持つ塩基性アミノ酸（アルギニン，リシン）を多く含み，静電相互作用による力でたがいを引き寄せ合っている。例えば，**図 2.9** のヌクレオソーム構造を形成しているヒストンタンパク質は，約 20% が塩基性アミノ酸で構成されており，それらが外周部に多く配置されることで，DNA の二重らせんの外側に存在するリン酸基部分がヒストンタンパク質の外周部に巻きつくような形で結合している。この結合では，静電相互作用が支配的であるため，ヒストン修飾（1.4.3 項，1.6.3 項）の一種であるアセチル化によってリシンの正電荷が中和されると，相互作用が弱くなる。また，この静電相互作用に依存した結合は，DNA のリン酸基の寄与が大きく，DNA の塩基配列にはあまり依存しない。そのため，DNA とヒストンタンパク質の相互作用は非特異的であるといえる。ヒストンタンパク質と DNA によるヌクレオソーム構造は，DNA がヒストンタンパク質に巻きつくように結合し，非常に長いゲノム DNA 全体をコンパクトに収納する働きを持っているため，非特異的な相互作用でなければ，ヒストンタンパク質がゲノム DNA 全体と相互作用することはできない。このように非特異的な相互作用も生体分子の機能実現のため

 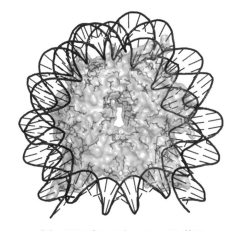

（a） ヒストンタンパク質のみ（塩基　　　（b） DNA とヒストンタンパク質が
　　　性アミノ酸をスティック表示）　　　　　　結合した状態

図 **2.9** ヌクレオソーム構造の DNA–タンパク質相互作用
　　　　（PDBID；4Z5T）

には重要なことがある。

　一方，転写因子のように特定の塩基配列の DNA に特異的に結合するタンパ
ク質も存在する。ヒストンタンパク質のような静電相互作用に強く依存した結
合様式の場合，塩基配列への依存性が低く，特異的な相互作用を実現すること
が難しい。そのため，転写因子のような DNA 結合タンパク質は，DNA の塩基
部分を直接認識できる仕組みを持っているものが多い。1.1.2 項で説明したプロ
モーターの DNA 配列である TATA ボックスに結合する DNA 結合タンパク質
（TATA–box 結合タンパク質；TBP）は，DNA のリン酸基部分を取り囲むよ
うに塩基性アミノ酸を配置することで静電相互作用を行うと同時に，DNA の
副溝に沿うような形で逆平行 β シートが結合している（**図 2.10**）。この結合部
位では，β シートを構成しているアミノ酸の側鎖が DNA 副溝のなかに位置す
る TATA の塩基部分と複数の水素結合を形成することで，DNA の塩基部分を
直接認識している。この β シート中の水素結合のドナーおよびアクセプター原
子の位置は，TATA ボックスとの結合に適した配置となっているため，それ以
外の塩基配列の場合は結合が難しい。すなわち，DNA との塩基配列特異的な

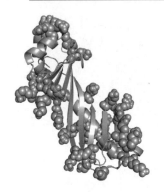
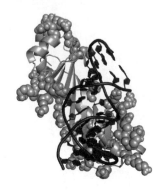

(a)　TBP のみ　　　　　　　　　　(b)　DNA と TBP が結合した
　　　　　　　　　　　　　　　　　　　　状態

図 **2.10**　プロモーター DNA と TBP の DNA–タンパク質相互作用
　　　　（PDBID；1VTL）（塩基性アミノ酸を球状で表示）

相互作用が実現している。TBP のように，DNA 結合タンパク質が塩基配列特
異的に DNA への結合を実現する際，塩基部分への水素結合が用いられること
が多い。一方，DNA は基本的には塩基対を形成し，二重らせん構造をとって
いるため，塩基部分は内側を向き，リン酸基が外側に配置されている。そのた
め，塩基部分との水素結合を形成するために，タンパク質は DNA の副溝や主
溝に近づく必要がある。

　DNA–タンパク質相互作用を調べる実験手法としては，ChIP–seq 法（1.4.1
項）が広く用いられており，1 回の実験で 1 種類の DNA 結合タンパク質がゲ
ノム DNA 中のどこに結合するのかを網羅的に調べることができる。現在，さ
まざまな DNA 結合タンパク質の ChIP–seq データが蓄積されており，例えば，
ChIP–Atlas[68), 69)] などのデータベースから DNA–タンパク質相互作用につい
ての多くのデータを入手することが可能である。

2.4.3　RNA–タンパク質相互作用

DNA から転写された RNA は，転写後にさまざまなタンパク質と相互作用
をすることにより，スプライシングや RNA 修飾などの転写後の制御を受け

る。細胞内に存在するさまざまな RNA のなかで，mRNA は翻訳されるために必要なタンパク質と相互作用をすることでタンパク質へと翻訳され，また非コード RNA は特定のタンパク質と特異的に結合し，**RNA-タンパク質複合体**（RNA-protein complex；RNP）を形成することで機能を発揮している。このような RNA とタンパク質の間の相互作用は，**RNA-タンパク質相互作用**（RNA-protein interaction），また，RNA に結合する機能を持ったタンパク質は，**RNA 結合タンパク質**（RNA binding protein）と呼ばれる。

　DNA と同様に，RNA も 4 種類のヌクレオチドに共通のリン酸基が負の電荷を持っているため，分子全体は負に帯電している。そのため，RNA-タンパク質相互作用においても，静電相互作用の影響は大きく，RNA 結合タンパク質は，塩基性アミノ酸を多く含んでいる。一方，RNA と DNA の構造上の大きな違いの一つとして，RNA の複雑な二次構造が挙げられる。一本鎖の RNA は，同じ分子内で塩基対を形成することで折り畳まれ，安定な二次構造を形成する。RNA 二次構造のなかには，塩基対を形成しているステム領域と塩基対を形成していないループ領域が存在する。RNA-タンパク質相互作用においては，この RNA 二次構造が非常に重要な役割を持っている。塩基対を形成しているステム領域とタンパク質の結合様式は，DNA の二重らせん構造の認識と類似しており，リン酸基と塩基性アミノ酸の間の静電相互作用の影響が大きい。一方，ループ領域は，RNA の分子内の塩基対やスタッキング相互作用による拘束がないため，タンパク質との間でさまざまな種類の相互作用が可能である。

　図 2.11 は，スプライシングに関与する非コード RNA である snRNA と U2A タンパク質の結合部位の立体構造であり，RNA-タンパク質相互作用におけるステムおよびループの結合様式をよく表している。この立体構造中ではまず，U2A タンパク質に存在する多くの塩基性アミノ酸と snRNA 全体のリン酸基との間の静電相互作用により，二つの分子が結合している。ただしそれだけではなく，snRNA のループ領域の外側に飛び出している連続した三つの塩基と U2A タンパク質の芳香族アミノ酸との間のスタッキング相互作用や水素結合による相互作用も存在している。このように，RNA 二次構造中のループ領域は，

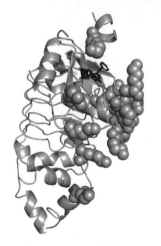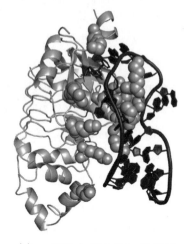

（a）　U2A タンパク質のみ
（b）　snRNA と U2A タンパク質が
　　　結合した状態

図 **2.11**　snRNA と U2A タンパク質の RNA–タンパク質相互
　　作用（PDBID；1A9N）（RNA と 4Å 以内の塩基性アミノ酸
　　を球状，芳香族アミノ酸をスティック状で表示）

静電相互作用だけではなく，塩基部分の水素結合のドナーおよびアクセプター
原子が塩基対形成に使われていないため，タンパク質との間に多くの水素結合
を形成することが可能であり，芳香族アミノ酸とのスタッキング相互作用を形
成することもできるため，多様な結合様式で RNA の塩基配列を直接認識・結
合することができる。この RNA のループ領域の塩基とアミノ酸の間の直接的
な相互作用は，ループ領域を構成している塩基配列に強く依存しているため，
RNA–タンパク質相互作用の特異性を高めている大きな要因の一つであると考
えられている。2.3.2 項で説明したように，機能が類似している RNA は，二次
構造が似ていることが多い。これは，多くの RNA は機能する上で，RNA 結合
タンパク質との相互作用が必須であり，多くの RNA 結合タンパク質が，RNA
の二次構造を特異的に認識・結合していることが影響している。

　RNA–タンパク質相互作用を実験的に調べる手法としては，**RIP–seq 法**（RNA
immunoprecipitation sequencing）[70]や **CLIP–seq 法**（crosslinking and im-
munoprecipitation sequencing）[71]が広く用いられている。両手法とも RNA

結合タンパク質に対して，特異的に結合する抗体タンパク質を用いて，細胞内のRNA結合タンパク質を抽出し，そのタンパク質と一緒に回収されたRNAをシーケンサーで配列決定することで，目的のRNA結合タンパク質と相互作用するRNAを網羅的に調べることが可能である。RIP–seq法は相互作用するRNAの全長の配列決定を行うのに対して，CLIP–seq法はタンパク質が直接結合している（RNAとタンパク質が距離的に近い位置まで接近している）RNAの部分配列だけを決定するという違いがある。CLIP–seq法とRIP–seq法の実験手続き上の大きな違いは，CLIP–seq法では，RNAとタンパク質を架橋し，またRNA分解酵素を利用することにある。RNA分解酵素を用いると大部分のRNAは分解されるが，タンパク質が直接結合しているRNAの一部分だけはタンパク質により保護される（架橋されているため安定的である）ため分解されずに残ることとなり，その配列をシーケンスすることで直接結合している領域だけを決定することができる。

2.4.4 RNA–RNA 相互作用

miRNAやsnoRNAなどの一部の非コードRNAは，ほかのRNA分子と相互作用することで機能する。このようなRNA分子間の相互作用は，**RNA–RNA相互作用**（RNA–RNA interaction）と呼ばれる。RNA–RNA相互作用は，基本的に2本のRNAの間の全長もしくは部分的な相補配列が形成する塩基対によって生じるため，水素結合が主要な相互作用になり，相互作用の特異性は二つのRNAの塩基配列に強く依存する。一般的には，相補的な配列が長くなるほどRNA–RNA相互作用の特異性は高くなるが，ペアとなる二つのRNAに似た配列の別のRNAが存在する場合，特異性は低下する。一方，RNA同士の相互作用においては，負の電荷を持つリン酸基同士の間には反発力が働くため，リン酸基はRNA–RNA相互作用に関与しない。

RNA–RNA相互作用は，2本のRNAが完全に相補的な配列になっている場合，DNAと同じく全長にわたって塩基対を形成する二本鎖RNAを形成することができる。しかし，部分的な相補配列を持っている一本鎖のRNAの場

合，それぞれの RNA が分子内部にも塩基対をつくり，二次構造を形成するた
め，RNA–RNA 相互作用には，各 RNA 二次構造中のループ部分が用いられる。
図 **2.12** は，一つのステムと一つのループから構成される二次構造の RNA ど
うしが，たがいのループ部分で分子間の水素結合を形成している kissing–loop
と呼ばれる相互作用である。これは，ヒト免疫不全ウイルス 1 型（HIV–1）の
RNA に見られる RNA–RNA 相互作用である。

図 2.12 二つの RNA 分子による kissing–loop 型の RNA–
RNA 相互作用（PDBID；1K9W）

　RNA–RNA 相互作用を実験的に調べる手法としては，**近接ライゲーション法**
（proximity ligation）とシーケンサーを組み合わせた手法が近年開発されてい
る[72], [73]。

2.4.5 タンパク質–タンパク質相互作用

　タンパク質もほかの生体高分子と同様に，さまざまなタンパク質と結合しタン
パク質複合体を形成することによって機能することが多い。このタンパク質同士
の相互作用は，**タンパク質–タンパク質相互作用**（protein–protein interaction）
と呼ばれる。タンパク質–タンパク質相互作用によって形成される複合体には，
3 個以上の多くのタンパク質が関わっているものも多く，非常に大きな複合体
を形成することがある。2 個以上のタンパク質から構成される複合体を**多量体**
（oligomer）と呼び，同じアミノ酸配列のタンパク質が複数個結合することで形
成される複合体は**ホモオリゴマー**（homooligomer），またアミノ酸配列の異なる

複数のタンパク質から構成される複合体はヘテロオリゴマー（heterooligomer）と呼ばれる。図 2.13 は，酵母の DNA から RNA への転写を担っている RNA ポリメラーゼ II の立体構造であり，11 種類のタンパク質から構成されるタンパク質複合体である†。

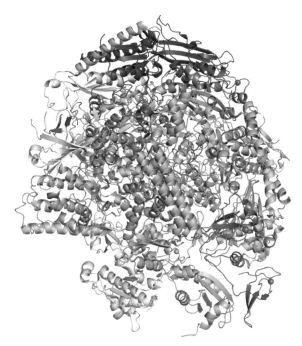

図 2.13 タンパク質複合体である出芽酵母の RNA
ポリメラーゼ II の立体構造（PDBID；1R5U）

タンパク質–タンパク質相互作用における相互作用様式は，DNA や RNA の場合と比べて非常に多様で複雑である。一般的には，個々のタンパク質は，それぞれの一次構造であるアミノ酸配列によって規定される三次構造を形成しているため，タンパク質間の相互作用では，それぞれのタンパク質の立体構造が大きな影響を与える。特にタンパク質立体構造上で，分子の表面に露出している

---

† このRNAポリメラーゼIIの立体構造の決定に関わったコーンバーグ（Roger Kornberg）は，2006 年のノーベル化学賞を受賞している。

（溶媒側に露出しているともいう）アミノ酸が相互作用に用いられるため，分子表面のアミノ酸組成が相互作用様式を決める重要な要因の一つとなる。例えば，負の電荷を持つ酸性アミノ酸が表面に多く露出しているタンパク質では，正の電荷を持つ塩基性アミノ酸が表面に多く露出しているタンパク質が相互作用しやすく（静電相互作用），疎水性アミノ酸が表面に露出しているタンパク質では，同じく疎水性アミノ酸が露出しているタンパク質が相互作用しやすい（疎水性相互作用）。また，相互作用に働く力は，各原子間の距離に反比例するため，二つのタンパク質間でできるだけ多くの原子が近い距離まで近づくことで強い力で結合することが可能である。そのため，二つのタンパク質の表面の凹凸形状がたがいに相補的になっている（**形状相補性**（shape complementarity））ことも相互作用における重要な要因の一つである。つまり，特異的な相互作用をすることができる二つのタンパク質同士は，理想的には表面の凹凸形状がたがいに相補的な形をしており，さらにその表面上に存在するアミノ酸同士の間に強い引力が働くようなアミノ酸の組成・配置になっている。

　タンパク質の立体構造決定には多くの時間やコストが必要であるのと同様，タンパク質複合体の立体構造決定も多くの時間・コストが必要である。そのため，コンピュータを用いてタンパク質複合体の立体構造を予測する研究は，バイオインフォマティクスにおける重要な分野の一つとして位置づけられており，タンパク質構造予測の CASP と同様に研究者コミュニティによるタンパク質複合体予測の国際コンテスト CAPRI（Critical Assessment of Prediction of Interactions）が 2001 年から開催されている。

　タンパク質–タンパク質相互作用を調べる代表的な実験手法としては，**酵母ツーハイブリッド法**（yeast two-hybrid system；Y2H）[74] が挙げられる。これは，二つのタンパク質の相互作用の有無を判定する方法であり，出芽酵母の転写因子である GAL4 タンパク質を構成している DNA 結合ドメイン（DBD）と転写活性化ドメイン（AD）という二つの機能ドメインが，別々のタンパク質として二つに分かれていても，たがいに近い距離に存在していれば機能する性質を利用している。Y2H 法では，**図 2.14** のように，相互作用を調べたい二つのタ

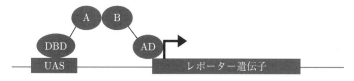

（a）　相互作用がある場合

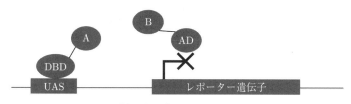

（b）　相互作用がない場合

図 **2.14**　酵母ツーハイブリッド法

ンパク質 A と B に対して，片方のタンパク質 A には GAL4 の DNA 結合ドメインを融合させたもの（A–DBD），もう片方のタンパク質 B には転写活性化ドメインを融合させたもの（B–AD），そして，相互作用の検出のために，GAL4 タンパク質によって転写が活性化される配列（upstream activation sequence；UAS）を上流に持ったレポーター遺伝子を酵母の細胞内で発現させる。このとき，タンパク質 A と B が相互作用することによってたがいが近づくと，二つのタンパク質に融合していた DNA 結合ドメインと転写活性化ドメインが近づくことにより，GAL4 タンパク質として機能し，レポーター遺伝子の転写が活性化される。一方，二つの遺伝子が相互作用しない場合，二つのドメインが近づかないので，レポーター遺伝子の転写は活性化されない。このように二つのタンパク質の相互作用がレポーター遺伝子の発現という形で検出される。

　タンパク質–タンパク質相互作用を調べる実験手法は，現在までに数多く提案されており，検出された相互作用は，STRING や BioGRID（巻末の付録を参照）などのデータベースに収録されている[†]。近年では，イルミナ社などの DNA シーケンサーや近接ライゲーション法などの実験手法を組み合わせることで，10 万ペアを超えるタンパク質–タンパク質相互作用を同時に検出する実験手法

---

†　実験手法やデータベースについては，文献 75）も参照いただきたい。

なども提案されている[76]。

2.4.6 化合物–タンパク質相互作用

医薬品である低分子の化合物は，タンパク質などの生体分子に結合し，その分子の機能を活性化または抑制することで医薬品としての効果を発揮する。ここでは，化合物とタンパク質の結合である**化合物–タンパク質相互作用**（protein-ligand interaction）に焦点を当てて解説する。なお，1.6.4 項で解説した酵素や受容体タンパク質の関わる相互作用もこの相互作用に分類されることが多い。

これまで解説してきた生体分子間の相互作用と化合物–タンパク質相互作用の明らかな違いは，生体分子と比べて化合物の大きさが非常に小さいという点である。一方，ほかの相互作用と同様，化合物とタンパク質の間には，2.2 節で紹介した力や化学結合が働いているため，二つの分子間でより多くの原子が近い距離に接近することで，相互作用がより安定化される。そのため，タンパク質–タンパク質相互作用と同様，化合物とタンパク質の形状相補性は，特異的な化合物–タンパク質相互作用においても重要な要素となる。タンパク質との間に高い形状相補性を達成するためには，タンパク質立体構造中の機能部位（活性部位）となっている窪みの形状に合った化合物が入り込む形で相互作用することが必要である。このような結合様式は，タンパク質の窪みを鍵穴，化合物を鍵と見立てて，**鍵と鍵穴モデル**（lock and key hypothesis）と呼ばれる。この窪みのなかで，水素結合や疎水性相互作用，スタッキング相互作用が適切に形成されることで，特異的な化合物–タンパク質相互作用が実現される。この鍵と鍵穴モデルは，二つの分子を剛体とみなした簡易なモデルであるが，タンパク質や化合物の構造は，生体内でゆらいでいる。そのため，このモデルの拡張として，生体内でのゆらぎ・柔軟性を考慮した**誘導適合モデル**（induced-fit model）が提案されている。このモデルでは，タンパク質は化合物と弱く結合した後，その構造を変化させながら，化合物とより強く結合しうる状態へと移行する。なお，相互作用に伴って構造が変化するタンパク質の結合前の状態はア

ポ状態（apo state），結合後の状態は**ホロ状態**（holo state）と呼ばれる。

　図**2.15**は，インフルエンザウイルスのノイラミニダーゼタンパク質と，そのタンパク質の機能を阻害する化合物であるオセルタミビル（商品名；タミフル）が結合している状態の立体構造である。オセルタミビルは，このノイラミニダーゼの立体構造中の窪みに対して適切な相互作用ができるようにコンピュータを用いて設計された分子である。このような標的となる生体分子の立体構造に基づいた医薬品の設計法（structure-based drug design；**SBDD**）は，バイオインフォマティクスにおける重要な研究分野の一つとして，近年研究が進められており，従来，非常に長い時間が必要であった医薬品開発のプロセスを大幅に短縮することが期待されている。化合物–タンパク質相互作用の詳細については，本シリーズの『ケモインフォマティクス』を参照いただきたい。

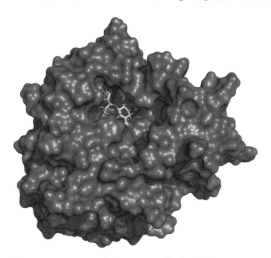

図**2.15**　タミフル（オセルタミビル）とインフルエンザウイルスのノイラミニダーゼタンパク質の相互作用（PDBID；2HT7）

3 進化遺伝学・微生物学のための バイオインフォマティクス

　第1章および第2章では，DNA やタンパク質といった生体分子を対象とする学問分野である分子生物学について説明を行った。DNA 配列データをはじめ，大規模に取得可能な生命科学データはこれら生体分子に関するデータが主であるため，バイオインフォマティクスが分子生物学を中心に発展してきたことは当然のことといえる。一方，近年，分子生物学以外のさまざまな生物学分野においても，大規模データとバイオインフォマティクスは欠かせないものとなりつつある。本章では，そのなかでも特にバイオインフォマティクスと関わりの深い進化遺伝学と微生物学について，それらの基本的な概念とバイオインフォマティクスの応用について紹介する。

3.1　進化遺伝学のバイオインフォマティクス

　地球上には動物・植物・微生物などさまざまな生物が存在しているが，現在の生物の祖先を辿っていけば，ある一つの生物に辿り着くはずである。現存する全生物の共通祖先のうち最後の生物であったものは**ルカ**（last universal common ancestor；LUCA）と呼ばれ，言い換えれば，すべての現存生物はこの LUCA から長い時間をかけた進化の過程を経ることで存在している。なお，LUCA を生命の起源であると解釈するのは誤った解釈であり，生命の起源と LUCA の間には絶滅してしまったため現在では子孫が残っていない生物が多く存在していたと考えられる（**図 3.1**）。改めてよく生物を観察してみると，動物と植物など大きく見た目の違う生物が祖先を辿れば同じ生物であったとは直感的には信じ

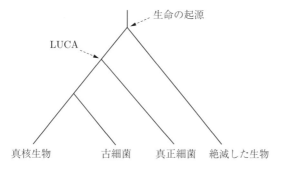

真核生物　　　　古細菌　　　真正細菌　絶滅した生物

図 **3.1** LUCA と生命の起源に関する模式図

がたいことである。そのため，そのような不思議な現象を引き起こす要因である**進化**（evolution）は多くの生物学者の興味を惹きつけており，ドブジャンスキー（Theodosius Grygorovych Dobzhansky）の "Nothing in biology makes sense except in the light of evolution"（進化の光を当てないならば，どんな生物学も意味をなさない）という言葉は現在さまざまな文脈で広く引用されている。

3.1.1 進化遺伝学の基礎理論

まず，進化遺伝学の歴史を簡単に振り返りながら，進化遺伝学の基礎理論について簡単に紹介する。進化とは世代ごとに生物集団の形質が変化していく事象として定義される†。進化研究はじつのところ長い歴史があるわけではなく，進化についての科学的な議論が盛んになったのは 19 世紀に入ってからのことである。最初期に提案された進化理論はラマルク（Jean–Baptiste Lamarck）による用不用説と呼ばれる理論であり，生物が生活においてよく利用した形質は発達し，また逆に使わなかった形質は衰えることで，その発達した形質が子孫に伝わって進化が起こるとした理論であった（1809 年）。この理論では，例

---

† 世代を経るごとに生物が特定の器官を失っていくことを退化と呼ぶことがあるが，定義から考えて退化は進化の一部であり対義語ではない。またあるゲームでは，個体がレベルアップなどを起因として形状を大きく変化させることを進化と呼んでいるが，これは同一個体における現象であるため生物学的な意味での進化ではない（この現象は生物学的には変態と呼ばれる）。

えばキリンの首が長くなったのは，高い所にある葉っぱを食べようとキリンが代々首を伸ばし続けた努力の結果であるとして説明される。このような遺伝の仕組みは「獲得形質の遺伝」と呼ばれ，進化を科学的に説明しようとした最初期の理論であるという点で興味深いものである。しかしながら，獲得形質の遺伝は現在判明している遺伝の仕組みでは一般的には起こらないため，現在では進化理論として正しくないとみなされている[†]。

　一方，ダーウィン（Charles Robert Darwin）は，著書『種の起源』で進化の基本原理は**自然選択**（natural selection）であるとする説を提唱した（1859 年）（図 **3.2**）。自然選択説では，まず生物は種内でもまったく同一ではなく個体ごとに形質にさまざまな多様性が存在し，親の持つ形質の一部は子へと伝わると考える。また，このような形質の多様性は変異によって生じるが，どのような変異が起こるかについてはラマルクの主張したような方向性は存在しないと考える。ここで，ある環境下において，ある形質を持つ個体は，その形質を持たない個体よりも**適応度**（fitness）が高い場合を考える。ここで適応度とは，その個体の子どものうち，繁殖可能な年齢まで生き残ることができた子どもの数と定義される。すなわち，ほかの条件が同じであるならば，ほかの個体に比べて多くの子どもを産むことができたり，あるいは産んだ子どもがより生き残る確率が高い個体は適応度が高くなる。すると，その形質を持つ個体は形質を持たない個体に比べて多くの子孫を残すことができるため，世代ごとにその形質を持つ個体の割合は増加していき，やがてその形質はその種のすべての個体が

図 3.2　自然選択の模式図

[†]　近年，エピジェネティックな情報が世代を超えて伝わる事例が報告されており，そのような事例は獲得形質の遺伝とみなされるが，ラマルクの主張したように進化に影響を与えているとは考えられていない[77]。また CRISPR–Cas システム（1.3.7 項参照）は，特定のウイルスに対して免疫を獲得し，その免疫を遺伝させるので，獲得形質の遺伝と呼べるのではないかという議論が存在する[78]。

持つようになると考えられる。逆に，適応度を低くする形質は，世代ごとにその割合が減少していき，やがて集団のなかから消滅すると考えられる。適応度を上げる形質が定着していくことは**正の選択**（positive selection），適応度を下げる形質が消失していくことは**負の選択**（negative selection）と呼ばれ，これらを合わせて自然選択と呼ぶ。そして進化は小さな変異の積み重ねによって漸進的に生じるものであり，跳躍的な進化は生じないと考えた。例えば図 3.2 では，色の濃い個体が適応度が低いと仮定しており，世代が交代するにつれ徐々に色の薄い個体ばかりになっていくことを示している。ここで，適応度はあくまで環境に依存するものであり，環境が変わればまた異なる形質が選択されるであろうことには注意が必要である。この理論では，キリンの首が長くなったのは，高い所にある葉っぱを食べられるキリンは食べられないキリンに比べて多くの栄養をとれるため適応度が高くなり，その結果，首の長いキリンの子孫が繁殖したためとして説明される。現在，自然選択は進化を説明するメカニズムの一つとして重要であると認識されているが，発表当初は必ずしも受け入れられたわけではなかった。その大きな原因の一つとして，形質が世代間で伝わるとする遺伝の機構が当時まったく理解されていなかったことが挙げられる。

遺伝の法則を最初に提案したのはメンデル（Gregor Johann Mendel）であり，1865 年のことであった。メンデルはエンドウマメの交配実験の結果から，種子の色が黄色の純系品種と緑色の純系品種を掛け合わせると子ども（F_1 世代）は必ず黄色になり，さらにその F_1 世代内で掛け合わせを行って生まれた世代（F_2 世代）では黄色と緑色の子どもの比率が 3：1 になることを発見した。この事象を説明するためにメンデルは，マメの色は 1 対の遺伝子で決まり，片方は母親から受け継ぎ，もう片方は父親から受け継ぐと考えた（**図 3.3**）。親からすれば，1 対の遺伝子のうちどちらかが子どもに受け渡されることになる。ここで，マメの色を決める遺伝子には A と a という二つのタイプが存在し，A はマメの色を黄色に，a はマメの色を緑色にする遺伝子であると考える。ただし，A と a が同時に存在するときは，A のほうが a よりも強い影響力を持ち，マメの色は黄色になるとする（これを，A は**顕性**（dominant）であり a は**潜性**（recessive）

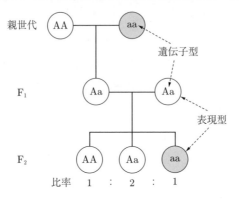

図 3.3　メンデルの遺伝法則の模式図

であるという)。よってその遺伝子対が AA または Aa であれば黄色, aa であれば緑色になると考える。最初の黄色の品種の遺伝子の対が AA, 緑色の品種の遺伝子の対が aa であれば, 子に受け渡される遺伝子はそれぞれ A と a なので, 子の遺伝子の対は必ず Aa となり, すなわち黄色のマメとなる。さらにその子どもを考えると, A と a が遺伝する確率がそれぞれ 1/2 と等確率であるならば AA : Aa : aa の比率は 1 : 2 : 1 となるので, 黄色と緑色の比率は 3 : 1 となり, 実験結果とぴったり一致する結果が得られる。このメンデルの遺伝法則の特徴は, 遺伝の仕組みが連続的なものではなく A や a といった離散的な事象に還元できることを示したことにある。しかしこの研究は発表当時は関心が向けられず, ド・フリース (Hugo Marie de Vries) らが 1900 年にこの遺伝法則を再発見するまで日の目を見ることはなかった。なお遺伝学の専門用語では, 緑色や黄色のような形質を**表現型** (phenotype), A や a といった個々の遺伝子を**アレル** (allele), 遺伝子の対を**遺伝型** (genotype) と呼ぶ。また, 遺伝型のうち AA や aa のような同じアレルの組合せを**ホモ接合** (homozygous), Aa のように異なるアレルの組合せを**ヘテロ接合** (heterozygous) と呼ぶ。

　20 世紀に入るとさらに, 先述したド・フリースが, 植物の栽培実験の結果から, 変異によって親子で形質が大きく変わる個体を見いだした。メンデルやド・フリースの発見した遺伝や変異の仕組みは離散的な仕組みであることから, 漸

進的な（連続的な）進化を主張する自然選択とは大きく異なるものであり，当初はむしろ自然選択説への反証として捉えられた。しかしながら 20 世紀前半に，量的な形質が離散的な遺伝の仕組みからどのように説明されるかを統計的に解析する統計遺伝学や，個体内ではなく生物集団内で遺伝子の頻度がどのように変化していくかを数理的に研究する分野である集団遺伝学が誕生し，これらの背景の下でメンデル遺伝学と自然選択説は融合していくこととなった。そして 1942 年，ハクスリー（Julian Huxley）によって，ダーウィンの自然選択説とメンデル遺伝学を中心に，集団遺伝学や生態学の観察結果を統合した進化の総合説（ネオダーウィニズム）が提案された。進化の総合説は現在では拡張が進み，古生物学や分子生物学に関する知見も含まれている。

また時を同じくして 20 世紀に入ってから，遺伝子の物理的実体に関する研究が進み，遺伝子は対から構成される染色体上に保持されていること，遺伝子の物理的実体が DNA であること，そして DNA は二重らせん構造をしており，第 1 章で説明したセントラルドグマによってタンパク質を生成して表現型に影響を与えることなどが解明されていった。1960 年代になるとタンパク質のアミノ酸配列を実験的に決定することが可能となり，各タンパク質に存在するアミノ酸の多様性を検出することが可能となった。あるタンパク質において種間でアミノ酸配列を比較した結果，アミノ酸配列には種間で多くの差異が存在すること，また種間でのアミノ酸の差異の数は種が分化してから経過した時間に比例するという関係が見いだされた。逆にいえば，2 種のタンパク質間で異なるアミノ酸の個数を数えることにより，その種の分化時間を見積もることが可能であり，これは**分子時計**（molecular clock）と呼ばれる。木村資生はこの観測結果と集団遺伝学の解析結果から，**分子進化の中立説**（neutral theory of molecular evolution）を提案した。中立説では，集団内に存在する DNA の多様性のほとんどは適応度に影響を与えず**中立**（neutral）であること，そしてこの中立な多様性の頻度が集団内でどのように変化するか，そして集団内で定着するかは偶然による（**遺伝的浮動**（genetic drift）と呼ばれる）と考える進化理論である。中立説は自然選択説と一見反する説であるように見えるが，表現型における自然選択

についての議論ではないこと，負の選択が生じることは仮定されていること，およびほとんどが中立であり正の選択が存在しないとは主張していないこと，などから，この2説は両立するものである。現在，研究者の多くが，自然選択で説明できる事例および中立進化で説明できる事例のどちらも存在すると考えている。

3.1.2 進化遺伝学研究におけるバイオインフォマティクスの重要性

進化遺伝学研究においてバイオインフォマティクスは重要な役割を果たしているが，その理由としてはおもにつぎの2点を挙げることができる。

一つ目は，比較ゲノム解析によりDNAの多様性を網羅的に検出可能であるという点である。上述したように，進化とは分子レベルで見るとDNAに変異が入ることであるため，種内や種間においてゲノムのどの箇所がどのように異なっているのかを網羅的に把握することは非常に重要である。そしてそれを把握するためには，複数の生物のゲノムをシーケンスした後に，ゲノム配列のアセンブリを行い，さらに配列アラインメントを行うなどのバイオインフォマティクスによる比較ゲノム解析が重要な研究手段となる。

二つ目は，種分化など過去に起こった生命現象を推定するにはデータに基づく統計的な推測が必要であるという点である。実際に生じた進化とは歴史上の出来事であるため，現存している生物種がどのように進化してきたかを知りたいと思っても，その種分化のタイミングなどを過去に戻って調べることは現在のところ不可能であるため，観測的にこれを知ることはできない。また，進化は変異という偶発的な現象を基礎としているため，実際に生じた事象に対して，実証のための繰り返し実験を行うことも困難である[†]。それゆえ，現在の生物の表現型やゲノムのデータに基づきなんらかの統計的な推測を行い，これらの事象についての仮説を検証していく必要があり，そのため統計や機械学習をはじめとした情報科学的技法が不可欠である。進化学のバイオインフォマティクス

[†] ただし，大腸菌などの微生物をおもな対象として実験室で長期間の継代飼育を行い，生物がどのように進化していくかを調べる実験進化学という研究分野は存在する。実験進化学は進化の一般的な法則の検証を行う上で有用である。

の詳細については，本シリーズの『ゲノム進化解析』を参照いただきたい。

3.1.3 ゲノムに起こる小規模な変異

それでは，進化の基本となるゲノムに起こる変異とはどのようなものであろうか。ゲノムに起こる変異には，DNA の塩基が一つ変化するだけの小規模な変異から，所持しているゲノムがすべて重複して 2 倍の大きさのゲノムになるという大規模な変異までさまざまな変異が存在する。まず，小規模な変異から説明する。最も頻繁に起こる変異は，ある塩基が別の塩基に変化する（例えば，A が G に変化するなどの）**点変異**（point mutation）である。そのほかの小規模な変異として，1 個から数千個の塩基が加わる**挿入**（insertion）や，同じく 1 個から数千個の塩基が失われる**欠失**（deletion）といった変異が存在する（図 **3.4**）。なお，歴史上に起こった変異としては挿入か欠失のいずれかであったとしても，現存する 2 本の配列を比較するだけでは，祖先の塩基配列がわからないために挿入と欠失のどちらが起こったのかは一般にはわからない。そのため，これら二つはまとめて**挿入欠失**（indel）とも呼ばれる。

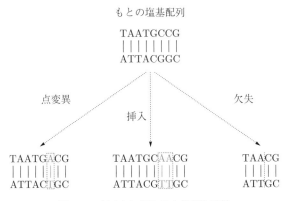

図 **3.4** ゲノムに起こる小規模な変異

このような DNA の変異の原因として，ゲノム複製時に DNA ポリメラーゼが誤った複製をしてしまうことや，放射線などに DNA がさらされることで DNA が変異してしまうことが挙げられる。誤った DNA 複製や損傷した DNA を**修**

復（repair）する機構も存在するが，すべての複製エラーを修正しきることはできず，結果変異が生じることとなる（1.3.3項で紹介したとおり，ヒトでは1回当りの複製の変異率はおよそ10^{-10}であり，親子間では10〜100の変異が生じる）。変異が起こる確率はゲノム配列中で一定ではなく，ある特定の配列は変異が起こりやすいことが知られている。点変異の例を挙げると，CpG配列においてCがメチル化された場合，Cが脱アミノ化してTになりやすいことが知られている[†1]。また挿入欠失の例を挙げると，ATATAT... などの数塩基が繰り返し反復する箇所は**マイクロサテライト**（microsatellite）または**短反復配列**（short tandem repeat；STR）と呼ばれ，DNA複製時にDNAポリメラーゼがスリップすることで，反復単位（先の例でいえば2塩基のAT）の挿入や欠失が生じやすいことが知られている。なお，これらの変異が進化と関係するためには，定義からして，その変異が次世代に伝えられる細胞において起こった変異でなければならない。ヒトでいうならば，皮膚細胞や筋細胞などの体細胞で起きた変異は次世代に伝わらないため進化とは関係せず[†2]，精子や卵細胞などの生殖細胞で起こった変異のみが分子レベルでの進化と関わることになる。

　ここで，タンパク質に翻訳されるDNA領域に変異が起こった場合を考える。この領域に起こる変異は，タンパク質の変異，ひいては表現型の変異につながりうるため影響が大きいことが多い。しかしながら，この領域におけるすべての変異がタンパク質の変異につながるわけではないことに注意が必要である。第1章で紹介したコドン表（表1.2）を見てみると，例えばロイシンと対応するコドンはUUA，UUG，CUU，CUC，CUA，CUGの6種類存在する。ここで，もしもとのRNA配列がUUAでありロイシンに翻訳されていたとして，その3文字目のDNA塩基に変異が入ることでRNA配列がUUGとなったと

[†1]　そのため，ゲノム中のCpG配列の出現頻度は確率的に期待されるよりも非常に低い。一方で，ゲノム中にはCpGが高頻度で出現する領域があり，そのような領域はCpGアイランドと呼ばれる。CpGアイランドは，生命の活動維持に発現が必要不可欠な遺伝子（ハウスキーピング遺伝子）のプロモーターなどに存在する。

[†2]　これまで説明してきた進化とは意味合いが異なるが，体細胞に生じたDNAの変異によって細胞ががん化し，増殖の過程でがん細胞がさらに変異を蓄積して増殖力や悪性性が変化することは，がんの進化と呼ばれる。

しても，対応するアミノ酸はロイシンのままであり，最終的にでき上がるタンパク質に影響はない。このような変異は**同義変異**（synonymous mutation）と呼ばれ，表現型に影響を与える可能性が低いため進化的に中立であることが期待される（図**3.5**）。コドン表を確認すると，コドンの3文字目に入る変異は同義変異となることが多いことがわかる。

もとの配列

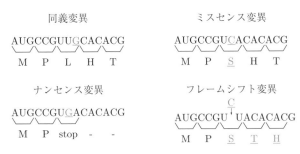

図 **3.5** タンパク質を翻訳する DNA 領域の変異

逆に，最終的なアミノ酸が変化する変異は**非同義変異**（nonsynonymous mutation）と呼ばれ，表現型に影響を持つ可能性が高くなる。例えば UUA 配列の2文字目の DNA 塩基に変異が入り，RNA 配列が UCA になってしまった場合には，対応するアミノ酸はロイシンからセリンに変化する。このような変異は**ミスセンス変異**（missense mutation）と呼ばれる。さらに，もし UUA 配列の2文字目が変化して UGA 配列になってしまった場合，そのコドンは終止コドンであるため，そこでタンパク質の翻訳が終了してしまう。これはアミノ酸が一つ変わるだけの変化に比べても影響がさらに大きく，**ナンセンス変異**（nonsense mutation）と呼ばれる。また，点変異ではなく挿入や欠失が起こったときを考えると，挿入された・欠失した塩基の数が3の倍数でない場合，変異が起こった箇所以降のコドンの読み枠がずれてしまうため，やはり最終的にでき上がるタンパ

ク質に大きな影響を与える。このような変異は**フレームシフト変異**（frameshift mutation）と呼ばれる。

3.1.4　ゲノムに生じる大規模な変異

つぎに，ゲノムに生じる大規模な変異について紹介する。代表的な変異として，**重複**（duplication），**欠失**（deletion），**逆位**（inversion），**転座**（translocation）といった変異が挙げられ，それぞれゲノムの部分領域が繰り返される変異，部分領域が失われる変異，部分領域が逆転する変異，そして二つの部分領域が入れ替わる変異である（**図 3.6**）。

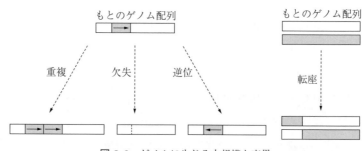

図 3.6　ゲノムに生じる大規模な変異

このような大規模な変異が遺伝子をはじめとするゲノムの機能領域で起こった場合，表現型に影響が出やすいことが予想される。特に遺伝子を含む領域が重複することを遺伝子重複と呼ぶが，遺伝子重複では生物が持つ遺伝子の数が増えることになるため，その生物が新たな機能を獲得できる可能性が生じる。例えばチンパンジーとヒトが分化した後に遺伝子重複によってヒトが獲得した遺伝子の一つとして，ARHGAP11B と呼ばれる遺伝子が存在する。2015 年，この遺伝子は大脳新皮質にある放射状グリア細胞特異的に発現すること，さらに ARHGAP11B をマウスに導入して発現させると大脳新皮質の細胞増殖が盛んになり脳が増大することが報告された[79]。このことは，遺伝子重複によって獲得されたこの遺伝子が，ヒトの脳の進化に大きな影響を与え知性の発達を促した可能性を示唆している。

　ここで遺伝子重複に関連して，オーソログとパラログの概念について説明する。まず，二つの遺伝子があるとする。この二つの遺伝子は，同じ種のなかに存在する遺伝子であってもよいし，異なる種に存在する遺伝子であってもよいものとする。遺伝子の進化の過程を考えたとき，それら二つの遺伝子の祖先遺伝子が共通となるならば，これら二つの遺伝子は**相同**（homologous）である，または**ホモログ**（homolog）であると呼ぶ。ホモログのうち，種分化によって生じたホモログのことを**オーソログ**（ortholog）と呼び，遺伝子重複によって生じたホモログのことを**パラログ**（paralog）と呼ぶ[†]（**図 3.7**）。このうちオーソログは，祖先となる遺伝子が有していた機能を種分化後も引き継いでいることが多いため，類似した機能であることが多い。一方，パラログは重複後の遺伝子が異なる機能を持つことが多くある。これは，もともと一つの遺伝子で十分生存できていたところ，進化の過程で遺伝子重複が起こったということなので，重複後の遺伝子のどちらかに本来の機能を壊すような変異が生じても，もう片方が正常に機能していれば生存ができるためである。そのため，変異の結果

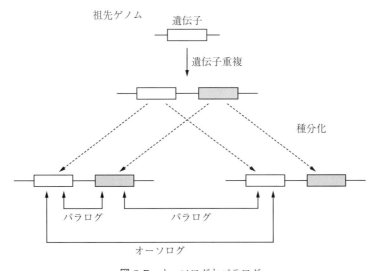

図 3.7 オーソログとパラログ

[†] パラログの定義として，同一ゲノム内に存在する相同遺伝子であることを要求する定義もあるが，本書では文献80) に従いその要件を設けないものとする。

として片方の遺伝子が機能を失ったり，時には新しい機能を獲得したりする†。このことから，ホモログがオーソログにあたるのかパラログにあたるのかを適切に区別することが重要である。なお，たがいにオーソログである遺伝子群をオーソロググループと呼ぶ。

　考えられる変異のうち最も大規模なものは，すべてのゲノム領域が重複して2倍になる**全ゲノム重複**（whole genome duplication；WGD）という変異である。全ゲノム重複が起こった場合，遺伝子のレパートリーが一気に2倍になるため，種の多様化や複雑な機能の獲得に大きな影響を与えると考えられる。全ゲノム重複はきわめて珍しい変異というわけではなく，生命の進化の過程で何回も起こったと見積もられている。例えばバナナの所属するバショウ属というグループでは，独自に3回の全ゲノム重複を起こしたと推定されている[81]。動物の事例では，1970年に大野乾が脊椎動物の進化初期段階では全ゲノム重複が2回起こったとする2R仮説（大野の仮説）を提唱し議論を呼んだが，さまざまな脊椎動物のゲノムを解読し比較ゲノム解析を行った結果から，2R仮説は正しいと現在考えられている[82]。この全ゲノム重複によって生じた重複遺伝子は，大野乾の名をとって特に**オオノログ**（ohnolog）とも呼ばれている。さらに現生する魚類の大半を含む真骨魚類では，独自に3回目の全ゲノム重複を起こしたことがわかっており，この全ゲノム重複によって真骨魚類が獲得した機能を解明すべくゲノム解析研究が進められている[83]。また，近縁だが異なる種の交雑が起こり，その際に子が異なる親種に由来するゲノムをそのまま両方持つことでゲノムが増大するという変異も存在する。このような変異は**異質倍数化**（allopolyploid）と呼ばれ，アフリカツメガエルなど動物でも見られるが，特に植物においてよく見られ，パンコムギでは2回の異質倍数化が起こったことが知られている。

　またゲノム配列のなかには，ゲノムのなかを動き回ることができる**トランス**

---

†　複数の機能を持つタンパク質はムーンライトタンパク質と呼ばれるが，重複前の遺伝子がムーンライトタンパク質である場合，重複後の遺伝子に別の機能が振り分けられることで遺伝子が機能分化することもある。

ポゾン（transposon）と呼ばれる配列が存在する。トランスポゾンには DNA 型トランスポゾンと**レトロトランスポゾン**（retrotransposon）の 2 種類が存在する（**図 3.8**）。DNA 型トランスポゾンはおもにカット＆ペースト型の移動であり，ゲノム中のトランスポゾン領域がトランスポザーゼと呼ばれる酵素によって切り出され，それがゲノム中の別の領域に挿入されることで配列が転移する。レトロトランスポゾンはコピー＆ペースト型の移動であり，まずレトロトランスポゾン領域が RNA として転写された後，逆転写酵素によって DNA に逆転写され，それがゲノム中の別の領域に挿入されることで配列が転移する。この際，もとのレトロトランスポゾン領域は失われていないので，ゲノム中でのレトロトランスポゾン領域は増加することとなる。このようなレトロトランスポゾンの影響により，生物ゲノムの配列のなかにはほぼ同一の配列が何度も散在して出現することになるため，このような配列は**散在反復配列**（intersparsed repeat sequences）と呼ばれる。このうち，数千塩基の長い散在反復配列は LINE（long intersparsed nucleotide elements），数百塩基の短い散在反復配列は SINE（short intersparsed nucleotide elements）と呼ばれる。なお，トランスポゾンを発見したマクリントック（Barbara McClintock）は 1983 年にノーベル生理学・医学賞を受賞している。

　生物によっては反復配列がゲノムを占める割合は大きく，ヒトの場合は約

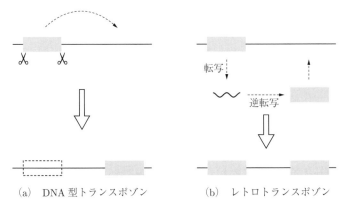

（a）　DNA 型トランスポゾン　　　　（b）　レトロトランスポゾン

図 3.8　DNA 型トランスポゾンとレトロトランスポゾン

50%程度[†]，トウモロコシの場合は約80%のゲノム領域がこれらの反復配列で占められている。トランスポゾンが既存の遺伝子領域を割り込むように転移することで遺伝子が働かなくなった場合，表現型に影響を与え負の選択がかかる可能性が生じる。一方，トランスポゾンのなかには内部にプロモーター活性を有する配列を持っているものもあり，そのようなトランスポゾンが遺伝子上流に転移した場合，遺伝子の発現パターンが変化することで表現型に影響を与えうる。実際に，ヒトやマウスの転写開始点を高速シーケンサーを用いて網羅的に解析した研究では，転写開始点の2〜3割は反復配列に含まれることを明らかにしている[84]。またトランスポゾンの一部はウイルス由来の配列であり，そのなかには遺伝子も含まれている。これらの遺伝子の多くは現在機能を持っていないが，宿主が利用している遺伝子も一部存在し，胎盤形成に関わるシンシチン遺伝子や神経可塑性に関わる Arc 遺伝子などがその一例である。これらの事例は，トランスポゾンが生命の進化に大きな影響を与えてきたことを示唆している。

　ゲノム配列は基本的に，親から子へと垂直的に伝播する。しかし，系統的にはまったく異なる生物の間で遺伝子の流入が起こることがあり，このような事象は**遺伝子水平伝播**（horizontal gene transfer または lateral gene transfer；HGT または LGT）と呼ばれる。遺伝子水平伝播は，特に微生物間では頻繁に起こっていると見積もられており，他種の微生物は有しているが自らは持っていない代謝機能などを遺伝子水平伝播によって獲得することがある。ただし，すべての遺伝子が遺伝子水平伝播を頻繁に起こすのではなく，例えばセントラルドグマに関わる遺伝子など，多数の要素と協調して働くシステムを構成する遺伝子は水平伝播がきわめて起こりにくいと見積もられている。反対に，抗生物質耐性遺伝子など，単独で作用する，または協調する要素が少数であるような遺伝子は水平伝播しやすいと考えられている。水平伝播によって獲得されたゲノム領域は**ゲノムアイランド**（genomic islands）と呼ばれ，ゲノム配列のみ

[†] 特に，ヒトゲノムの約10%は Alu 配列と呼ばれるレトロトランスポゾンの一種で占められている。

からコンピュータで予測する研究が行われている。その一つが，ゲノム配列の k–mer の出現頻度を解析する方法である[85]。k–mer とは連続する k 個の文字の並びのことであり，塩基配列の場合は 4^k 個の k–mer が存在する。あるゲノム配列が与えられると，各 k–mer がどの程度ゲノム中に出現するかの頻度分布を求めることが可能であり，そしてこの k–mer の頻度分布は生物種ごとに異なるという特徴を持つ。そのため，ある遺伝子を最近水平伝播によって獲得した場合，その遺伝子の k–mer の頻度分布は伝播もとの生物の頻度分布に近く，伝播先の生物の頻度分布とは異なるという特徴が見られる。よって，この特徴を用いることで水平伝播遺伝子を予測することができる。しかし，遺伝子水平伝播が古い時代に生じた場合，進化の過程で遺伝子の k–mer の頻度分布が伝播先の生物の頻度分布に近くなっていくため，遺伝子水平伝播を検出することが困難になる。k–mer を利用する方法に限らず一般的に，古い時代に生じた遺伝子水平伝播を検出することは困難である。

3.1.5 系統関係の表現法と系統分類学

ヒトとチンパンジーは非常に類似した生物種であり，種の分化が起こったのはおよそ 500 万年ほど前である。一方，同じサルの仲間であっても，ヒトとメガネザルが分化したのはより古い時代での出来事であり，5 000 万年以上前の出来事であると考えられている。このような過去における生物種の分化過程を木構造で表現したものは**系統樹**（phylogenetic tree）と呼ばれ，全生物を含んだ進化系統樹を適切に推定することは進化学における究極の目標の一つである。

系統樹では現存する種が葉（外部節）に置かれ，内部節はその子孫らの共通祖先を意味する（**図 3.9**）。また各枝には**枝長**（branch length）を割り当てることができ，節間での変化の度合いを表現することができる。その系統樹に存在するすべての生物種の共通祖先となる節は根と呼ばれ，根の存在する系統樹は**有根系統樹**（rooted tree）と呼ばれる。しかしながら一般的な系統樹の推定方法では根の位置を決定することが難しいため，根の位置を決めない**無根系統樹**（unrooted tree）として表現されることも多い。根の位置を推定する最も簡

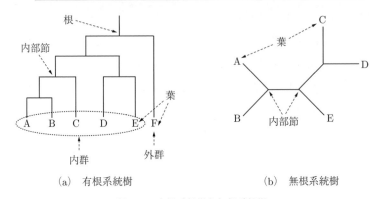

（a）　有根系統樹　　　　　　　（b）　無根系統樹

図 **3.9**　有根系統樹と無根系統樹

単な手法の一つとして，系統樹を推定したい生物種のグループ（**内群**（ingroup）
と呼ばれる）に，遠い系統関係であることがあらかじめわかっている系統群で
ある**外群**（outgroup）を加えた上で系統樹推定を行うことが挙げられる。例え
ば霊長類を内群として系統樹を推定したいとき，外群として霊長類ではない生
物，例えばマウスやイヌなどを加えると，霊長類の共通祖先はその外群と分化
している節であると推定することが可能である。

　系統樹を作成する方法として，距離行列法（平均距離法や近隣結合法など）や
形質状態法（最節約法，最尤法，ベイズ法）などさまざまなアプローチが提案さ
れているが，いずれの手法でもまず対象とする生物群の表現型データや遺伝子を
収集し，それらを比較解析することで系統樹が作成される。このうち例えば最
尤法では，分子進化の確率モデルを定義したときにデータの尤度が最も大きく
なるような（あるいは AIC や BIC などの情報量基準が最も小さくなるような）
系統樹が推定される。このときに問題となるのは，探索すべき系統樹の数が多
すぎることである。対象とする種の数を N とすると，考えうる有根系統樹の樹
形は全部で $(2N-3)!!$ 通りとなり，$N=50$ とするとおよそ 10^{76} 個もの樹形が
存在する†。動的計画法などを利用して樹形の空間を効率的に調べあげる方法は
知られておらず，なんらかのヒューリスティクスを導入して近似的に計算する

---

†　$N!!$ は二重階乗と呼ばれ，1 から N までの自然数のうち，N と偶奇が同じ数だけをす
　べて掛けた値として定義される。例えば $10!! = 10 \cdot 8 \cdot 6 \cdot 4 \cdot 2$ となる。

ことが一般的である。系統樹の構築は，当初は表現型情報に基づいて行われて
いたが，20世紀後半以降は遺伝子配列情報を利用する分子系統学という手法が
一般的となった。分子系統学においても，当初は少数の遺伝子配列のみに基づ
いて系統解析が行われていたが，バイアスの存在や情報の不足などの問題があ
ることから，現在ではゲノム情報を活用する**系統ゲノミクス**（phylogenomics）
という手法が広く利用されている。

系統樹は進化の過程を木構造で表現するものであるから，種の分化を表現す
ることはできても種の合流を表現することはできない。種の合流は，一見なじ
みのない現象に聞こえるが，先に紹介した遺伝子水平伝播や異種間交雑など，
実際には広く見られる進化過程である。それゆえ近年では，このような種の合
流を解析するための手法として，進化の過程をネットワークで捉える**系統ネッ
トワーク**（phylogenetic network）という方法が提案されている。系統ネット
ワークは系統樹に比べて表現力が高まっているという長所がある一方，直感的
な解釈が困難になっているという短所もある。また，系統ネットワークを構築
したり解析したりする手法は系統樹の構築・解析手法に比べて数理的に困難な
点が多く，現在ではソフトウェアが十分に整備されていない状況にある。その
ため，系統ネットワークの解析手法の開発は今後のバイオインフォマティクス
における重要な研究課題であるといえる。

系統分類学とは，生物の系統や表現型に基づいて生物を分類する学問分野で
ある。分類群のうち，その群に属するすべての生物の共通祖先の子孫は必ずそ
の群に含まれるような分類群は，**単系統群**（monophyletic group）と呼ばれ
る（図**3.10**(a)）。例えば現在の分類学では，霊長類は単系統群であると考えら
れている。一方，その群に属するすべての生物の共通祖先の子孫にもかかわら
ず，その群には含まれないような生物が存在する場合，その分類群は**側系統群**
（paraphyletic group）と呼ばれる（図 (b)）。例えば，ワニ・トカゲ・カメの
仲間である爬虫類は，一般には鳥類を含まないことが多い。しかし爬虫類の共
通祖先の子孫には鳥類が含まれるため，鳥類を含めないと単系統にはならず，
よって爬虫類は側系統となる。また，進化的に関係のない生物をまとめた分類

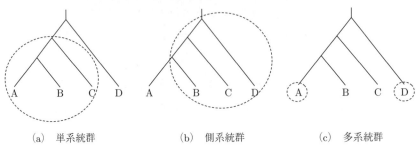

図 **3.10**　単系統群，側系統群，多系統群

群は**多系統群**（polyphyletic group）と呼ばれる（図 (c)）。例えば食虫植物は虫を食べる植物という形質で分類された分類群であり，さまざまな系統の植物が集まった多系統群となっている。生物の分類をどのように行うかという点については，側系統群を分類群としては認めない分岐分類学派や，分類群として認める進化分類学派などさまざまな考えの研究者が存在し，現在も議論が続けられている。

　生物をどのように分類するかという議論は有史以来続いているが，現在では種の学名を属名とその種小名で表現し，また属以上の分類体系として上から階層的にドメイン（domain）・界（kingdom）・門（phylum）・綱（class）・目（order）・科（family）・属（genus）とする分類体系が用いられている（**図 3.11**）。

　具体例をあげると，現生人類であるヒトの学名は *Homo sapiens* であり，属名が *Homo*（ヒト属），種小名が *sapiens* である。ヒト属にはほかに絶滅した原人である *Homo erectus* が含まれるなど，一つの属には複数の種が属しうる。なお，ヒト属の現生種には *Homo sapiens* 以外は存在しない。また，ほかに類似した生物種が存在しない場合，一種で一属を構成することもある。これまでに名前が出てきた大腸菌，*Escherichia coli* は *Escherichia* が属名，*coli* が種小名であるなど，この分類のルールは原核生物を含むすべての生物に適用される。これら種名はラテン語であり，イタリックで表記することとなっている。ヒトの属以上の分類体系は，真核生物ドメイン動物界脊索動物門哺乳綱霊長目

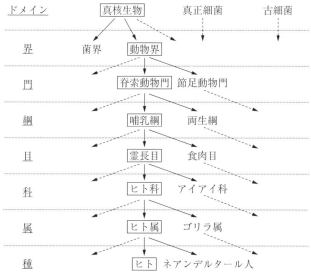

図 3.11 生物の分類体系

ヒト科ヒト属である[†]。ヒト科にはチンパンジーやオランウータン，霊長目には
メガネザルやアイアイ，哺乳綱にはネコやゾウ，脊索動物門には魚や鳥や蛙が
含まれるなど，上位の分類体系になるほど遠い種が同一の分類群に属するよう
な体系となっている。これらの分類群がどのように決定されるかについては，
全生物に当てはめられるような数理的な統一基準があるわけではなく，発生の
パターンやゲノムの類似性など，多角的な観点からの専門家の議論により決定
されている。

3.2 微生物学のバイオインフォマティクス

微生物（microbe）とは文字どおり「微かな生物」のことであり，原義的には

[†] より細分化した体系として，各階層に亜や上，下をつけた階層を定義することもある。
例えばヒトは脊椎動物亜門であり，またヒト上科でもある。また，界の分類体系には大
きな議論が存在する。近年では真核動物を分類する際，界に相当する階層の分類群とし
て，スーパーグループと呼ばれる分類群が広く使用されている。スーパーグループで
は，動物界と菌界はオピストコンタと呼ばれる同一のグループに属する。

肉眼では見えず顕微鏡を用いないと観察できない生物を意味する。そのため微生物にはさまざまな種類の生物が含まれており，ミジンコのような甲殻類（エビ・カニの仲間）から納豆菌のような単細胞生物までが含まれる。一方，単に大きさによる定義ではなく，単細胞生物や原核生物のことを微生物と呼ぶこともある。本書では原義どおり，肉眼では観察できない生物のことを微生物の定義とする[†1]（ただし，微生物の大半を占める原核生物について特に焦点を当てて解説をしている箇所も多く存在する）。

3.2.1　微生物学研究の重要性

まず，われわれはなぜ微生物を研究する必要があるのだろうか。上述のとおり，微生物は肉眼では見えない生き物であるため日常的に観測する機会はまずない。そのため微生物は人間生活にはほとんど関係しておらず，その研究目的は博物学的な興味にとどまると思われるかもしれない。しかしこれは誤りであり，実際のところ微生物はわれわれ人間生活に大きな影響を与えており，また博物学以外の生物学分野においても非常に興味深い研究対象である。以下に，微生物学研究の重要性を五つ述べる。

　一つ目は，微生物は人間の健康状態に大きく関与することである。ある種の疾患は特定の病原性微生物によって引き起こされることがわかっており，例えば破傷風は破傷風菌（*Clostridium tetani*）が傷口から体内に侵入することで感染する病気[†2]であり，またカンピロバクター属の一部（*Campylobacter jejuni* など）は食中毒を引き起こすことが知られている。一方，微生物はこのような病原性微生物ばかりではなく，ヒトの皮膚や腸内には多数の非病原性微生物が生息しており，これらは逆にヒトの健康を維持するために働いている。例えばヒト腸内細菌叢は食物の消化吸収や免疫機構の形成などを手助けしており，こ

[†1]　ほとんどすべての原核生物は肉眼では観測できないが，例外的に肉眼でも観測できる原核生物が存在し，世界最大の原核生物である *Thiomargarita namibiensis* は 0.75 mm の大きさである。

[†2]　破傷風菌の純粋培養に世界で初めて成功したのは，北里柴三郎（2024 年度より発行される新千円札の肖像となる研究者）である。

れら腸内細菌叢の乱れは潰瘍性大腸炎などの疾患につながると考えられている。ヒトに共生している微生物の数はヒトの細胞数の 10 倍以上であり，たがいになくてはならない存在である。よって，ヒトゲノムだけではなくこれら微生物のゲノムも含めてはじめてヒトの遺伝的設計図になるという見方も存在し，近年，ヒト個体と微生物の集団を合わせた共同体を**超個体**（superorganism）と呼ぶこともある。

　二つ目は生物地球化学的な事象，例えば物質循環などに微生物が大きな影響を与えていることである。窒素循環を例に挙げると，空気中に多量に存在する窒素は安定的であるため，多くの生物は空気中の窒素をそのまま利用することはできない。そのため，窒素は窒素固定によってアンモニアや硝酸塩など反応性の高い化合物に変換され生物に利用される形となり，またこれらの化合物は脱窒過程を経て再び窒素に戻る。この際，窒素固定や脱窒のプロセスを担っているのが微生物であり，つまり微生物がいなければ多くの生物は窒素を利用できないこととなる。また炭素循環や硫黄循環でも微生物はその代謝反応プロセスにおいて重要な役割を担っており，結果として温暖化など地球レベルでの環境変動に強い影響を与えている。

　三つ目は，微生物が生物の普遍的な仕組みや多様性を解き明かす上での研究対象として有用なことである。分子生物学黎明期では，生物学が博物学から普遍性を追求する学問へと移行するという価値観が存在し，それは例えば "Anything found to be true of E. coli must also be true of elephants."（大腸菌に当てはまるものはゾウにも当てはまるに違いない）というモノー（Jacques Monod）の有名な言葉によく現れている†。そのため，シンプルな生命システムを持つため研究がしやすく，また実験室内で簡単に速く増殖したり，遺伝子組み換えが容易であったりする生物である大腸菌（Escherichia coli；E. coli）をモデル生物と

---

† 　現在，分子生物学は，生命現象を分子レベルで理解することの総称として使われており，特定の生物でのみ見られる現象の分子機構を解明する研究も含む。ゲノム解析技術が一般化したことで，多様な生物の分子メカニズムの研究が可能となり，非モデル生物の分子生物学という言い回しもなされる。機能未知遺伝子の機能を一つ一つ理解していく研究も盛んであり，それらは遺伝子の博物学と呼べるかもしれない。

して，セントラルドグマに代表される生命の普遍的な仕組みを追求する研究が行われてきた。ある種の微生物はゲノム生物学においても有用なモデル生物であり，実際に初めて全ゲノムが解読された生物はインフルエンザ菌（*Haemophilus influenzae*）である[†]。また微生物は地球上の至る所に存在しており，大型の生物が生きていけないような場所，例えば高温や低温，高 pH，低 pH のような極限環境であっても微生物が存在している。このような極限環境微生物が，なぜ生命活動を続けることができるのかを理解することは，生命の多様性解明において重要である。このような多様性を理解することは，それらに内在する生命の普遍性を追求することであるともいえる。

　四つ目は，原初の生命は微生物であったと考えられることである。地球上で最初に生まれた生命は（諸説あるが）遅くとも 35 億年以上前には誕生し，それは現在の原核生物のようなものであり，生命誕生から十数億年の間は真核生物は誕生せず原核生物だけが存在していたと考えられている。それゆえ微生物学研究は，「生命はどのように誕生したのか」という生物学の大問題に対して重要な手がかりを与えると考えられる。また LUCA が原核生物であると推測されることから，微生物は生物の進化史上重要な位置を占めているといえる。

　五つ目は，微生物は生物工学上高い価値を持つことである。微生物は多様な環境で生息しているため，なかにはさまざまな物質を分解したり，あるいは生産したりすることが可能な微生物が存在する。そのためこれらの微生物はさまざまな場面で利用されており，例えば下水処理場では，下水に微生物を入れて有機物を分解させることで水を綺麗にする処理がなされている。このように汚染された環境を生物の力を借りて修復する処理はバイオレメディエーション（bioremediation）と呼ばれる。また，ポリエチレンテレフタレート（PET）はペットボトルなどに広く利用される一方，普通には分解されないことが知られているが，PET を分解可能な微生物も知られている[86]）。微生物における有用

[†]　インフルエンザ菌は当初，インフルエンザの病原体として単離されたため，インフルエンザ菌という名前がつけられた。しかしこれは後に誤りであることがわかり，実際にインフルエンザの病原体となるのはインフルエンザウイルスである。

物質生産の例としては，寄生虫を駆虫する効果がある化合物アベルメクチンが
あげられ，これは土壌中の微生物 *Streptomyces avermitilis* が産生可能である。
アベルメクチンをもとに開発された薬イベルメクチンは，アフリカや南米にお
ける風土病であるオンコセルカ症の特効薬であり，現在までに 10 億人以上の人
に処方がなされている。なお，アベルメクチンを発見しイベルメクチンを開発
した大村智 氏は，2015 年にノーベル生理学・医学賞を受賞している。

　このように，微生物は目に見えずともわれわれの日常と密接に関連している
存在であり，理学・工学・農学・医学などさまざまな学問分野において重要な
研究対象となっている。

3.2.2 微生物学研究におけるゲノム情報解析の重要性

　近年，ゲノム情報解析は微生物学研究において非常に重要な役割を担うよう
になっており，おもに二つの理由が挙げられる。

　一つ目は，微生物の大半を占める原核生物のゲノム決定は多くの場合容易で
あることである。シーケンス技術の進歩により，従来に比べ真核生物のゲノム
決定はかなり簡単になったとはいえ，その金銭的および時間的なコストはまだ
決して小さくはない。一方，大半の原核生物は真核生物に比べゲノムサイズが
小さいこともあり，ゲノム決定は容易であることが多い。そのため，興味ある
原核生物についてゲノムを決定することにさほどコストがかからず，その結果，
現在では決定された原核生物のゲノム数は決定された真核生物のゲノム数に比
べて非常に多くなっている。バイオインフォマティクスの観点から見ると，利
用できるデータの数が多くなればなるほど高い精度の解析結果を得やすいため，
利用できるデータの多い原核生物のゲノム情報解析は，バイオインフォマティ
クスがその力を発揮しやすい分野であるといえる。

　二つ目は，分離培養されていない微生物についてもそのゲノム情報については
研究可能であるという点である。個々の微生物に対して生理学的な実験を行っ
て生物学的知識を得るためには，まず環境中の微生物群集から目的とする微生
物のみを分離し，その数を増やすために培養する必要がある。しかしながら，現

在人類が分離培養可能な微生物の種数は全微生物のわずか1%にも満たないと考えられており，そのため残り99%の微生物については研究を行うことが難しい状況にあった。このため培養できない微生物は，宇宙空間において，質量は存在するが観測できない存在であるダークマターになぞらえ，**微生物ダークマター**（microbial darkmatter）とも呼ばれる。しかしながら，2000年以降，微生物の分離培養を経ずに，環境サンプルから抽出したDNAを直接シーケンスし，得られた配列情報のデータ解析を行うことで，環境中に存在する遺伝子情報を網羅的に取得する技術が確立された。この手法は**メタゲノム解析**（metagenome）と呼ばれ，ある特定の環境についてどのような種類の微生物や遺伝子群が多いのかについての解析を可能とし，微生物学研究の幅を大きく広げることとなった（**図3.12**）。また，メタゲノムデータは多数の微生物種のゲノムデータが混ざった状態であるが，そのなかから一生物種のゲノムに由来するデータだけを取り出してアセンブルすることで，生物種のゲノムを復元することも可能となってきている。この手法で決定されたゲノムは，**MAG**（metagenome-assembled genome）と呼ばれる。さらに，1.2.5項で紹介した1細胞オミクスデータを利用して，培養せずとも1細胞だけからゲノムを決定することも可能となりつつ

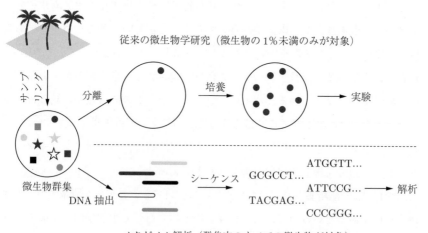

図3.12　従来の微生物学研究とメタゲノム解析の違い

ある。この手法で決定されたゲノムは，**SAG**（single amplified genome）と呼ばれる。

3.2.3 微生物の系統分類

まず，微生物ゲノムおよびメタゲノムのバイオインフォマティクス解析を行う上で，最低限知っておくべき微生物学の基本事項について紹介する。はじめに微生物の系統分類について述べる。

系統分類学において分類体系の最上層に存在する分類はドメインであるが，ドメインは**真正細菌**（bacteria），**古細菌**（archaea），真核生物という三つのドメインに分けられている。原核生物は真正細菌ドメインまたは古細菌ドメインに属している[†1]。これまで例示してきた微生物である大腸菌やインフルエンザ菌，納豆菌などは真正細菌ドメインに属している。古細菌とはもともと高温や強酸といった極限環境から分離された微生物であり，メタン菌や好熱菌などが含まれる。これらの極限環境は原始地球の環境と類似しているため，極限環境に生息する微生物群は，より原初の生命に近いのではないかという推測から「古」細菌と命名された。しかしながら，遺伝子配列解析の結果などから，古細菌は真正細菌に比べてむしろ真核生物に近いことが明らかとなっており，原初の生命に近いという推測は正しくなかった（ただし，古細菌の名前は残り続けている）。また現在では，非極限的な多くの自然環境においても，頻度は低いものの古細菌が存在していることが明らかとなっている。なお，醸造などに用いられる酵母菌は真核生物の菌界に属する生物であり，真正細菌でも古細菌でもないので注意が必要である。区別のため，菌界に属する生物は**真菌**と呼ばれる。菌界には，酵母のほか，カビやキノコなどが含まれる。

原核生物の種の定義はじつのところ明確に定まっているわけではない[†2]が，

[†1] 3.2.9 項で説明するが，近年ドメイン数は三つではなく二つではないかとする説も提案されている。

[†2] 種の定義としてよく挙げられる「交配可能」という条件は，分裂で増殖する原核生物には適応できないためである。種の定義の問題は生物学の重要課題であると同時に，生物学の科学哲学においても深く議論されている[87]。

「DNA–DNA 相補鎖形成実験において，70%以上の DNA 領域が相補鎖を形成
した場合に同種とする」という定義が広く利用されている。ここで DNA–DNA
相補鎖形成実験とは，同種か否かを判定したい二つの生物の DNA を取り出して
一本鎖に乖離させた後，異なる生物どうしの DNA で二本鎖を会合させる実験
である。そのため，新種の記載時や微生物を同定する際，この DNA–DNA 相補
鎖形成実験を行う必要があった。一方，この実験には誤差が入る余地が多くあ
る上にたいへんな実験であるため，近年では全ゲノムをシーケンスして配列ア
ラインメントを行い，配列類似度として平均的塩基同一性（average nucleotide
identity；ANI）を計算する手法も一般に用いられている[88]。このほか，より
簡単のため，16S rRNA 遺伝子の類似性が97%以上を同種とする方法も利用さ
れている。ただし，DNA–DNA 相補鎖形成実験の結果と 16S rRNA 遺伝子の
類似度の関係にはばらつきがあり，別種であっても 16S rRNA 遺伝子の類似度
がほぼ100%になることがあるという問題点がある[89]。そのため，複数の遺伝
子を用いて分類を行う多座位配列タイピング（multilocus sequencing typing；
MLST）なども種同定のために用いられている。これらの事情から，メタゲノム
解析などで 16S rRNA 遺伝子の類似性に基づいて微生物をクラスタリングする
際，一つのクラスタに対して系統分類学上の定義である種を対応させるのでは
なく，そのクラスタを**操作的分類単位**（operational taxonomic units；OTU）

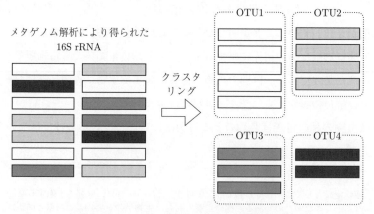

図 3.13　メタゲノム解析における OTU の分類

と呼称することが多い（図 **3.13**）。

3.2.4　微生物の構造的・生理的特徴

つぎに，微生物の構造的・生理的特徴について紹介する。原核生物と真核生物を分ける重要な構造的特徴は，一般に原核生物の細胞は真核生物の細胞に比べ小さいこと，また真核生物の細胞は明瞭な核に加えて細胞内小器官を有していることである。ほとんどの原核生物の細胞内には細胞内小器官がなく真核生物に比べ単純であるが，磁力を感知するためのマグネトソームなどの細胞内小器官を持つ原核生物も存在する。真核生物の持つ細胞内小器官のうちミトコンドリアおよび葉緑体は，核の DNA とは異なる DNA が内部に存在することから，その起源はほかの細胞が内部に取り込まれ共生関係になったためであると推測されている。これらの DNA をシーケンスし分子系統解析を行った結果などから，ミトコンドリアは真正細菌のアルファプロテオバクテリア綱の一種が，また葉緑体は同じく真正細菌のシアノバクテリア門の一種がかつて真核生物の祖先と共生したものであると考えられている。

真正細菌と古細菌は見た目の構造が類似しており大きな差異はないが，細胞を構成する生体物質や分子生物学的なメカニズムにおいては大きな差異が見られる。例えば，真正細菌の細胞膜はエステル結合した脂質であるが，古細菌の細胞膜はエーテル結合した脂質である（真核生物の細胞膜は前者である）。また，真正細菌の開始コドンはホルミルメチオニンが使われるのに対し，古細菌の開始コドンはメチオニンが使われる（真核生物の開始コドンは後者である）。ほかにも，鞭毛の構成タンパク質や RNA ポリメラーゼのサブユニット数などに違いが見られるが，重要なポイントは「この二つのドメインは外見が類似していても分類群としてはまったく異なるものである」ことを認識することにある[†]。

[†]　歴史的には，1970 年代にウーズ（Carl Woese）が，遺伝子配列データの解析から，古細菌が真正細菌や真核生物と異なる分類群であることを提唱したが，これは形態情報などに基づいて分類を進めていた当時の生物学者からは大きな反発を受けた。現在，すでに説明したとおり配列データに基づく分類は一般的であり，ウーズによる古細菌の発見は分子系統学の先鞭をつけた例として評価されている。

　微生物の生態系における役割として，CO_2 などの無機物から有機物をつくり出せる生産者であるか，または他生物がつくり出した有機物を利用する消費者であるかの違いがある[†1]。前者は独立栄養生物と呼ばれ，後者は従属栄養生物と呼ばれる。これらの生物はおもにエネルギー源として光を利用するか硫化水素の酸化など化学物質を利用するかで二つに分けられ，つまりは光独立栄養，光従属栄養，化学独立栄養，化学従属栄養の4種類のグループに分類できる[†2]。例として，葉緑体の起源となったシアノバクテリアは光合成を行うことが可能であり光独立栄養，また，古細菌であるメタン菌（メタン生成菌）は化学独立栄養生物である。シアノバクテリアは，地球全体における一次生産（無機物から有機物への生産）のうち比較的多くの割合を担っていると考えられており，生態系の上で特に重要なグループであるため盛んに研究が行われている。また，呼吸によりエネルギーを生成する際に酸素を利用できるか否かでもグループ分けすることもある。酸素がなければ生存できない微生物を偏性好気性菌（絶対好気性菌）と呼び，酸素を利用できるがなくても生存可能な微生物を通性嫌気性菌（通性好気性菌）と呼ぶ。また，酸素が存在すると生存できない微生物は偏性嫌気性菌（絶対嫌気性菌）と呼ばれる。

　微生物には，単独で生活できる自由生活性生物のほかに，ほかの生物と共生することではじめて生活できる種も存在する。共生関係はたがいの利害関係に応じて分類され，片方に正の影響があるがもう片方には負の影響がある関係を寄生，片方には正の影響があるがもう片方には影響のない関係を片利共生，両方に正の影響がある関係を相利共生と呼ぶ。なかにはほかの生物の細胞の内部で共生関係を営んでいる内部共生細菌も存在する。例えば *Buchnera aphidicola* はアブラムシの細胞内部に存在する微生物であり，アブラムシと *Buchnera aphidicola* の間では，たがいに自前では合成できない種類のアミノ酸のやり取りを行う相

[†1]　例外として，近年，地下深部において，蛇紋岩表面における非生物的な化学反応によって生じた有機物を利用する微生物が存在する可能性が示唆されている[90]。

[†2]　例外として，光や化学物質とは異なるエネルギー源を用いる微生物として，深海から湧き出る熱水がある種の岩石に触れたときに生じる電流をエネルギー源として利用する微生物が近年発見された[91]。

利共生関係が成立している。

3.2.5　ウ　イ　ル　ス

　ウイルス（virus）は微生物とは異なるが，3.2.2項で述べたバイオインフォマティクスとの関わりという点で類似している部分が多いため，ここで簡単に紹介する。一般にウイルスとは，遺伝情報を保持する核酸（DNA または RNA）とそれを囲うタンパク質の殻のみからなっており，細胞膜を持たず，したがって，代謝系も持っていない。また，ウイルス単独では自己を複製することはできず，自己を複製させるために宿主細胞に感染して，その細胞の複製・転写・翻訳装置を利用することで自己を増殖させている。これらのことから，ウイルスは生物ではなくある種の構造体や粒子であるとする見方が主流である。おのおのおののウイルスは特定の宿主に対してのみ感染しすべての生物に感染できるわけではないが，どのウイルスにも感染されないドメインは存在せず，真正細菌，古細菌，真核生物とすべてのドメインにおいてそこに属する生物を宿主とするウイルスが存在している。

　すべての生物がその遺伝情報を二本鎖 DNA に保持しているのに対し，ウイルスの場合，二本鎖 RNA や一本鎖 DNA/RNA に遺伝情報を保持している種が存在しているという違いもある。例えば，新型コロナウイルス感染症（COVID–19）の原因となるウイルスである SARS–CoV–2 は一本鎖 RNA ウイルスである。ほとんどのウイルスでは，代謝や複製に必要な遺伝子を自ら保持しておく必要がないため，ゲノムに含まれている遺伝子数は数個から数十個程度ときわめて少なく，ゲノムサイズも非常に小さい。また，ウイルスの全長も非常に小さいため，その形状を観察するためには光学顕微鏡でなく電子顕微鏡を用いる必要がある。しかし，2003 年に光学顕微鏡で観測可能なミミウイルスが発見されたのを皮切りに，近年相次いで巨大ウイルスが発見されており，その生態や進化については現在盛んに研究がなされている[92),93)]。なお，ウイルスの起源が何であるのかについては正確にはわかっておらず，さまざまな議論が存在している。

　3.2.2項で述べた微生物学分野におけるバイオインフォマティクスの特徴はそ

のままウイルス研究にも当てはまる。すなわち，ウイルスのゲノムは短くゲノム決定が容易であること，また，環境中に存在するウイルス DNA を直接シーケンスすることで増殖させられないウイルスの遺伝子配列を網羅的に決定可能である（Virome 解析と呼ぶ）という利点がある。

3.2.6　原核生物ゲノムの特徴とゲノムアノテーション

本項では，原核生物ゲノムの特徴およびバイオインフォマティクスによるゲノムのアノテーション手法について説明する。まず，原核生物ゲノムと真核生物ゲノムの大きな特徴の違いは，真核生物は DNA 分子が直鎖状であり複数の DNA 分子（染色体）をゲノムとして持っているのに対して，原核生物は一般に DNA 分子が環状であり DNA 分子が 1 個のみであることにある（**図 3.14**[†]）。ただし原核生物は，原核生物本体の DNA 分子に加えて，**プラスミド**（plasmid）と呼ばれる小さな環状 DNA 分子を保有することがある。ただし，種を超えて同一のプラスミドが見つかることがあるため，原核生物の種のゲノムにはプラスミドゲノムは一般には含めない。またプラスミドゲノムには遺伝子領域が存在し実際に遺伝子が発現しているが，生存に必須でない遺伝子のみを持つことが多い。

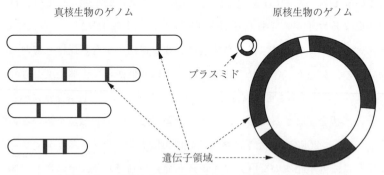

真核生物のゲノム　　　　　　　　　原核生物のゲノム

プラスミド

遺伝子領域

図 3.14　真核生物と原核生物のゲノム構造の模式図

---

†　図 3.14 はあくまで模式図であり，原核生物と真核生物のゲノムサイズは大きく異なることに注意されたい。

　原核生物ゲノムは一般的に真核生物ゲノムよりもゲノムサイズが小さく，遺伝子数が少ない。現在知られているうちで最もゲノムサイズが小さい微生物はヨコバイという昆虫に内部共生している *Candidatus Nasuia deltocephalinicola* であり，ゲノムサイズはわずかに 0.11 Mb，遺伝子数はわずか 150 個程度である。ここまでゲノムサイズが小さい理由として，独立して生活するために必要なエネルギー物質や栄養素を宿主からもらうことで，それらを自分で合成する必要がなくなり，そのための遺伝子が失われていったことにあると考えられている。

　また原核生物ゲノムは，ゲノムにおける遺伝子領域の CDS の割合を意味する**コード領域密度**（coding density）が非常に高いという特徴を持つ。出芽酵母は約 70％，ヒトではわずか 2％未満しかゲノム中の遺伝子領域の CDS がないのに対し，大腸菌 *E. coli* は 90％近くが遺伝子領域の CDS となっている。これは原核生物の場合一般に，遺伝子領域がイントロンを含んでおらずスプライシングが起こらないことや，反復配列がほとんど存在しないことが理由である。遺伝子領域の CDS ではない残り 10％のゲノム配列も生物学的な機能がないわけではなく，遺伝子発現制御領域や，非コード RNA 遺伝子の領域などが多くを占めている。

　第 1 章で説明したように，ゲノムを決定した後にまず行う必要のある情報解析は，ゲノムのアノテーション作業である。本書では原核生物ゲノムのアノテーションのうち，タンパク質コード遺伝子，非コード RNA 遺伝子，複製開始点，転写開始点およびオペロンのアノテーションについて紹介する。まず原核生物ゲノムにおけるタンパク質コード遺伝子のアノテーションは，遺伝子領域がスプライシングをされずに連続した領域となっているため，真核生物の遺伝子アノテーションと比べはるかに簡単である。一方，ゲノム配列のみからの非コードRNA 遺伝子の予測は真核生物と同様困難であるため，機能既知の RNA（tRNAや rRNA など）についてのみアノテーションされることが多い。このアノテーションは，それらの RNA 遺伝子に配列や構造が類似している領域を探索し検出することで行われる。しかし比較ゲノム解析を行い，「原核生物ゲノムは非遺

伝子領域が少なく，かつその大部分は機能を持つ」という特徴を生かすことで，ゲノム配列のみから非コード RNA 遺伝子を予測する手法が近年提案されている[94]。この方法では，まず全原核生物ゲノムの非遺伝子領域かつ機能未知の領域を網羅的に収集する。この領域は現在，機能未知であったとしても本来は機能領域である可能性が高いので，未知の非コード RNA 遺伝子が存在する可能性が高いと考えられる。よってこれらの配列をクラスタリングし，RNA 二次構造が保存されているクラスタを抽出する（非コード RNA は RNA 二次構造が保存されていることが多いため。2.3.2 項参照）ことで，新規の非コード RNA 遺伝子の候補を発見することができる。

　ゲノムの複製は，ゲノム上の任意の場所からランダムに始まるわけではなく，**複製開始点**（origin of replication）というゲノム上の決まった箇所から開始される。真核生物ではゲノム上に複数の複製開始点が存在する（ヒトの場合，数万個）が，原核生物の複製開始点（*oriC*）はゲノム上にただ一つのみ存在すると考えられている。*oriC* をバイオインフォマティクスで予測する方法として，以下のようなゲノム上の特徴が用いられている。まず *oriC* には，DNA の二本鎖がほどけ一本鎖ずつになる DNA 開裂領域（DNA unwinding element；DUE）が存在するが，DUE は塩基対として G–C 結合に比べ結合力の低い A–T 結合の比率が高いという特徴がある。また，DNA の複製が始まるためには複製開始因子である DnaA タンパク質が結合する必要があるため，その結合モチーフ配列が *oriC* には複数存在している。最後に複製開始点ではその一本鎖 DNA において，塩基 C が多い領域から塩基 G が多い領域へと切り替わることが知られている。これらの特徴を利用することで，機械学習を用いて *oriC* を予測するソフトウェアが開発されている[95]。

　つぎに，ゲノムの転写について説明する。転写のメカニズムは真正細菌と古細菌で大きく異なっており，ここでは研究の進んでいる真正細菌について紹介する。真正細菌の転写メカニズムは真核生物に比べてやはり単純である。転写が開始されるときには，まず RNA ポリメラーゼがゲノム中のプロモーター配列と呼ばれる DNA モチーフ配列を認識し結合することで，そのやや下流から

転写が開始される。このとき，DNA モチーフ配列を認識する RNA ポリメラーゼのサブユニットは**σ 因子**（sigma factor）と呼ばれる。異なる σ 因子が利用されると認識される DNA モチーフ配列が変化することとなり，その結果として転写される遺伝子が変化する。つまり，このような σ 因子を状況によって使い分けることで，発現すべき遺伝子を制御している。例えば *E. coli* では一般に使われる σ 因子は σ70 であるが，細菌に熱ストレスが加わると σ32 が発現し，高温時に細胞を保護するための遺伝子などが発現するようになる。転写開始位置の予測手法としては，これらの DNA モチーフ配列をパターンマッチする手法が基本的であるが，より偽陽性を下げるために機械学習を用いた予測手法なども提案されている[96]。

原核生物における遺伝子発現制御の特徴的な仕組みとしては，ほかに**オペロン**（operon）が挙げられる†。オペロンとは，ゲノム中で非常に近接している遺伝子の組みであり，その遺伝子間距離の短さからオペロン内の遺伝子は同一の mRNA として転写される。そのため，協調して機能を発揮する遺伝子群がオペロン内に同時に存在する場合，その機能発現を効率的に制御することができる。例えば最初に発見されたオペロンであるラクトースオペロンでは，ラクトースを細胞内へ取り込むタンパク質とラクトースを分解する酵素がセットになっており，環境中にラクトースが存在しているときにのみ転写される。オペロンの予測ソフトウェアも開発されており，これらは遺伝子間の近接距離や転写因子結合モチーフの有無などを特徴量として利用している[97]。またこれらのオペロンを予測した結果や実験による結果を格納したデータベースとして，DOOR が利用可能である[98]。

最後に，遺伝子の機能予測について説明する。まずゲノムから予測された各遺伝子領域には，BLAST などの配列類似性検索を利用することで GO タームを割り当てることができ（1.7.4 項参照），各微生物の遺伝子機能カテゴリの割合などを調べることができる。また，各遺伝子について，KEGG などのデータ

---

† 一部の真核生物では，微生物と同様オペロン様の構造を持つ遺伝子があることが知られている[99]。

ベースに登録された代謝パスウェイのどれに属しているのか調べることで，その微生物がどのような代謝能を持つかを調べることも可能である。一方，このような機能推定を行っても，大半の遺伝子は機能未知となることが多い。分子生物学的に最も研究されてきた生物の一つである *E. coli* も，全遺伝子の3割程度は実験的にその機能が確かめられていない。2016年，ベンターらは生存に必要な最小限のゲノムを設計・合成する研究を行い，473個の遺伝子からなる細胞を作成した[100]。この473個の遺伝子はセントラルドグマや細胞の構築などに必要な遺伝子が多く集まっていたが，驚くべきことにおよそ1/3の遺伝子は機能未知であった。このことは，生存に必須の遺伝子であってもまだ機能を明らかにできていない遺伝子が多く存在し，その機能を一つずつ実験的に検証していくことが重要な課題であることを意味している。そして，機能未知遺伝子の機能を明らかにしていく上で，情報科学的に機能を予測することで実験を支援すること，および明らかとなった遺伝子機能をデータベース化し広く利用可能にすることは，バイオインフォマティクスがなすべき大きな役割であるといえる。

3.2.7　微生物の比較ゲノム解析

本項では，微生物の比較ゲノム解析について紹介する。前述したとおり，原核生物ゲノムを決定することは真核生物に比べ容易であり，実際に多くの原核生物ゲノムが決定されている。それらの大規模なゲノム情報を十分に活用できる比較ゲノム解析は，微生物ゲノム研究において重要な解析手段である。微生物の比較ゲノム解析では，各微生物がどのようなオーソロググループを所持しているかをまとめたオーソログテーブルを作成することが頻繁に行われている（3.1.4項参照）。

まずオーソログテーブルを用いた遺伝子機能推定について紹介する。タンパク質は単独でその機能を発揮することは少なく，多くの場合，ほかのタンパク質と協調することでその機能を発揮する。ここで，もし遺伝子Aと遺伝子Bが二つとも同時に存在しないと機能を発揮しないならば，Aのみ（またはBのみ）

がゲノム中に存在することは起こりにくいと考えることができる。逆に考えると，遺伝子 A を持つゲノムは常に遺伝子 B を持っている，あるいは持っている確率が統計的に有意に高いならば，これらの遺伝子は協調して働いている可能性が高く，機能が類似していると推測することができる。よって，二つの遺伝子のうち片方が機能既知であり，もう片方が機能未知であるならば，その機能未知遺伝子の機能はもう片方の遺伝子の既知の機能と関連するであろうと推測することができる（**図 3.15**）。

出現パターンが類似

	遺伝子 A	遺伝子 B	遺伝子 C	遺伝子 D	遺伝子 E
種 1	×	○	×	○	○
種 2	×	×	○	×	×
種 3	○	○	×	×	○
種 4	×	○	○	×	○
種 5	×	×	○	○	×
種 6	○	○	×	○	○

機能的に類似している可能性が高い

図 3.15　系統プロファイル法による遺伝子機能推定

この機能推定手法は**系統プロファイル法**（phylogenetic profiling）と呼ばれ，機能未知遺伝子の機能を情報科学的に推測する手法の一つであり，微生物に限らず真核生物の遺伝子機能推定にも利用される[101),102)]。また，オーソログテーブルのほかに微生物の各種表現型のデータがあるならば，表現型と遺伝子の間でも同様の解析が可能である。すなわち，ある表現型に有意に頻出する遺伝子を検出できたならば，それはその表現型に関与する遺伝子であると推測することができる。

ある系統群に注目したとき，その系統群に属するすべての生物が持つオーソロググループの集合は**コアゲノム**（core genome）と呼ばれ，逆にいずれかの生物が持つオーソロググループの集合はパンゲノムと呼ばれる（1.3.3 項参照）（**図 3.16**）。また，パンゲノムのうちコアゲノムに含まれないオーソロググルー

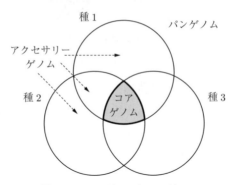

図 3.16　パンゲノムとコアゲノム

プの集合は**アクセサリーゲノム**（accessory genome）と呼ばれる。つまり，コア
ゲノムには生存に必須な遺伝子群やその系統群を特徴づける生物学的特性にあ
たる遺伝子群が含まれ，アクセサリーゲノムには補助的な代謝パスウェイや抗生
物質耐性遺伝子など特定の環境で生きるために必要な遺伝子群が含まれている。
このようなパンゲノム解析は，対象とする系統群をある一つの種と限定しても
適用可能である。そのようなパンゲノム解析の結果，レンサ球菌 *Streptococcus
agalactiae* や大腸菌 *E. coli* は，その種のなかで配列決定した株数が多くなれ
ばなるほどそのパンゲノムのサイズは増大する傾向にあり，このようなゲノム
の特徴はオープンパンゲノムと呼ばれる。*E. coli* の場合，パンゲノムに含まれ
るオーソロググループ数は，現在のところヒトが持つ遺伝子よりも多く，数万
と見積もられており，一つの種がきわめて多様な生理機能を有しうることがわ
かる。なお，*E. coli* 1 株が持つ遺伝子数はおよそ 4 000 個程度であることには
注意が必要である。すなわち，一つの株が多様な生理機能を同時に有している
わけではなく，同一種のなかでもゲノムや生理機能に大きな多様性があること
を意味している。また，コアゲノムに含まれるオーソロググループ数は約 3 000
個ほどであり，こちらは株数が多くなってもほとんど減少しない[103]。一方，炭
疽菌 *Bacillus anthracis* などは配列決定する株数を増やしてもパンゲノムが増
大せず，パンゲノムとコアゲノムがほぼ同一であるため，こちらはクローズド
パンゲノムと呼ばれる。このようなパンゲノムの特徴の違いは，クローズドパ

ンゲノムとなる微生物は特定の生態環境にしか生息できないため，獲得できる外部遺伝子が限られていることが原因であると考えられている。

3.2.8　微生物の比較ゲノム解析の研究例
── プロテオロドプシン保有微生物の生存戦略 ──

　ここで微生物の比較ゲノム解析の研究例として，熊谷らによって 2018 年に発表された，プロテオロドプシン保有微生物の生存戦略をゲノム解析から解明した例について紹介する[104]。プロテオロドプシンとは微生物の細胞膜に存在しているタンパク質であり，ATP 合成酵素と協調することで，光が当たるとエネルギーとなる ATP を合成することができる。そのためプロテオロドプシンを保有することは光の当たる海洋表層での生存に有利に働くと考えられ，実際に海洋表層の微生物のおよそ半分がプロテオロドプシンを保有していると見積もられている。しかしよく考えると，ここで一つの疑問が生じる。もしプロテオロドプシンを持つことが絶対に有利であり，持たないことが絶対に不利になるならば，プロテオロドプシンを持たない微生物は進化の過程で淘汰されていくはずである。それなのに，なぜプロテオロドプシンを持たない微生物が海洋表層に半数もいるのだろうか。プロテオロドプシンを持つことは，なんらかのデメリットがあるのではないだろうか。この問いを比較ゲノム解析の観点から解き明かしたのが熊谷らの研究である。

　本研究ではまず *Flavobacteriia* 綱の微生物を対象として 55 種の微生物ゲノムをデータベースからダウンロードし，さらに 21 種の微生物に対して独自にゲノム配列を決定することで，計 76 種の微生物ゲノムデータセットを構築した。これらのゲノムデータに対して遺伝子アノテーション解析を行ったところ，約半数の 35 種がプロテオロドプシンを保有しており，残りの 41 種がプロテオロドプシンを保有していないことがわかった。ここで，プロテオロドプシンを保有している微生物がそれを保有しない微生物に比べ統計的に有意に頻出する（あるいは頻出しない）遺伝子を抽出し，その遺伝子の機能を調べれば，プロテオロドプシンを持つ（あるいは持たない）微生物の生活スタイルの特徴を調べ

ることができる。そのため，これら71種の微生物に対してオーソログテーブルを作成して系統プロファイル解析を行った。

まず，プロテオロドプシン保有微生物に最も偏って現れた遺伝子はDUF2237と呼ばれる遺伝子であり，残念ながら機能未知遺伝子であった。しかし，この遺伝子は光合成を行うシアノバクテリアでも広く保存されていたため，光受容に関与する遺伝子であることが期待された。そこで，あるシアノバクテリアにおいてDUF2237遺伝子のノックアウト実験を行い，ノックアウト株において表現型に異常が見られるかを確認したところ，走光性実験において光への反応が鈍くなることが示された（これは，1.3.7項で解説した逆遺伝学の事例でもある）。この結果は，機能未知遺伝子の機能推定にとって比較ゲノム解析が強力な手段であることを示している。

さらにDUF2237以外の遺伝子についても確認したところ，プロテオロドプシンを保有する微生物は，フォトリアーゼと呼ばれる，紫外線にさらされたときにDNAを修復する酵素を多く持ち，逆にプロテオロドプシンを保有していない微生物は，微生物の外膜に存在する色素（APE）を合成する遺伝子を多く持っていることがわかった。ここでAPEは紫外線を吸収する色素であり，DNAを紫外線から守る働きをしていることが知られている。この解析結果を解釈すると，プロテオロドプシンを保持することは光エネルギーを利用してATPを生産できるというメリットと引き換えに，細胞膜にAPEを保持できないため紫外線によってDNAにダメージを受けやすいというデメリットが生じると考えられる。逆に，プロテオロドプシンを保持しないことは，APEを細胞膜に持つことで紫外線からのダメージを受けない代わりに，光エネルギーを利用することができないと推測される。熊谷らはこの海洋表層の微生物の二つの異なる生存戦略を「太陽電池型」の戦略と「日傘型」の戦略であるとたとえ，海洋表層に住む微生物の基本的な生存戦略として提案している。本研究は，バイオインフォマティクスによる比較ゲノム解析が，機能未知遺伝子の機能推定という分子生物学的な問いのみならず，生態学的な問いにも答えうる力を持っていることを示した興味深い研究であるといえる。

3.2.9　メタゲノム解析

本章の最後に，メタゲノム解析について紹介する。3.2.2項で述べたとおりメタゲノム解析とは，環境サンプルから抽出したDNAを直接シーケンスすることで，各種微生物の分離培養を経ずに，環境中に存在する微生物のゲノム情報を網羅的に調べる手法である。網羅的なメタゲノム解析のさきがけとなる研究は，ベンターらが2004年に発表したサルガッソー海表層水の環境ゲノム解析であり，見つかった1800種の微生物のうち148種は新規の種であったと報告している[105]。この報告の後，海洋，土壌，大気などさまざまな環境下においてメタゲノム解析が行われるようになり，どの環境にどのような微生物がどの程度いて，どのような代謝能を持つのかが見積もられることとなった。なお，原核生物に対象を絞り，16S rRNAの一部の領域に限ってPCRで増幅してシーケンスすることで，コストを抑えながら微生物の群集組成のみを得る手法をメタ16S解析やアンプリコン解析と呼び，遺伝子領域も含めた任意のDNA配列をショットガンシーケンスする手法をメタゲノム解析と呼び分けることがある。

メタゲノム解析によって明らかとなった最も重要なことの一つは，地球上にはこれまで知られてきたよりもはるかに多くの種類の微生物が存在することである。これは新しい種が多く見つかったという話にとどまらず，最上位の分類群に近い門のレベルでさえ，いままでと異なる新しい微生物が多く発見され，生命の進化史に論争を引き起こしているケースも少なくない。例えば，すでに述べたとおり古細菌は真正細菌よりも真核生物に系統分類上近いということがわかっているが，古細菌と真核生物がどのように分化してきたのかはこれまで不明であった。しかしながら近年，北極海の熱水噴出口より採取されたサンプルのメタゲノム解析から，従来の古細菌よりも真核生物に近いロキ古細菌やヘイムダル古細菌といった新門候補が相次いで発見され，真核生物の誕生の経緯について議論を巻き起こしている[106],[107]†。そのほかにも，近年メタゲノム解析に

---

†　これらの研究における議論が正しかった場合，これまで単系統群であると考えられてきた古細菌は側系統群となる。その場合には，古細菌と真核生物を含めて一つのドメインと定義し，3ドメインではなく2ドメインと呼称されることになるかもしれない。

よって，全真正細菌の 15％以上を占めている真正細菌のグループである **CPR 群**（Candidate Phyla Radiation）が発見されている。CPR 群は一般的な原核生物が保有しているエネルギー生産やアミノ酸合成のための遺伝子を欠失しているものが多く存在し，その生理生態はまだ多くの謎に包まれている[†1]。また，新種にとどまらず新規遺伝子の発見も多く行われており，例えば前項で紹介したプロテオロドプシンは，じつはメタゲノム解析によって発見された遺伝子である[108]。発見当時は太陽光によるエネルギー生産は植物が葉緑素（クロロフィル）で行う光合成がほとんどであると考えられていたため，プロテオロドプシンは新たなエネルギー生産機構として注目を集めた。海洋表層の半数の微生物がプロテオロドプシンを保有していることから，プロテオロドプシンは海洋でのエネルギー生産量のうち無視できない割合を担っていると現在見積もられている。

また自然環境だけではなく，ヒト常在細菌叢（マイクロバイオーム）のメタゲノム解析も，細菌叢と疾患の関係を明らかにすることを目的として盛んに研究が行われている。現在では，アメリカが主導した Human Microbiome Project（HMP）などの大規模プロジェクトによって，ヒトのさまざまな領域（皮膚・口内・腸内など）の常在細菌叢が明らかにされている[109]。なかでもヒトにおいて最も多くの微生物が存在する腸内細菌叢の研究は特に進んでおり，潰瘍性大腸炎やクローン病などの腸疾患と腸内細菌叢の関連性が注目されている[†2]。近年，腸内細菌叢は中枢神経系にも影響を与えると考えられており（脳腸相関と呼ばれる），自閉症などの精神疾患と腸内細菌叢の関係性も示唆され始めている[110]。腸内細菌叢は食生活などの生活習慣によって変化するため，健康なヒトどうしであっても国や地域ごとに細菌叢の違いが見られる。日本人の大規模な腸内細菌叢研究は 2016 年に西嶋らによって発表され，健康な日本人の腸内細菌叢では他国に比べて *Bifidobacterium* 属の細菌（ビフィズス菌）や炭水化物の代謝

[†1] 3.2.4 項で紹介した，蛇紋岩表面における非生物的な化学反応を利用する微生物はこの CPR 群に含まれる。

[†2] 腸内細菌叢が健康な人の状態に近づくことで病気がよくなることから，健康な人の腸内細菌を患者の腸内に移植する糞便移植法が近年注目を集めている。

に関わる遺伝子が多く見られることを報告している[111]。

メタゲノム解析に必要なバイオインフォマティクス技術についていくつか紹介する。メタ 16S 解析では，シーケンスにより得られたリード配列を微生物の 16S rRNA 遺伝子の塩基配列のデータベースと照合することで，その配列がどの種由来のものかを推定することが目的であり，その過程にはさまざまな情報解析が必要である。例えば，メタ 16S 解析では PCR による増幅を行っているため，複数種の 16S rRNA 遺伝子の部分配列が混ざったキメラ配列が生成されるという実験上のエラーが生じることがあり，データの前処理としてこのエラーをコンピュータを用いて取り除く必要がある[112]。またリード配列は多量でありすべての配列をデータベースと照合すると計算コストがかかるため，まずはリード配列のなかで配列類似性に基づいてクラスタリングを行い，得られたクラスタを OTU としてその代表配列のみをデータベース照合に使用することも多い[113]。メタゲノム解析では，微生物の組成だけでなくある環境中のどの種がどのような遺伝子を持っているのかを調べることも研究目的であるため，リード配列をアセンブルしてコンティグを作成するメタゲノムアセンブリや[114]，コンティグから遺伝子領域をアノテーションするソフトウェアなどが必要となる[115]。また，メタゲノムアセンブリは短い配列長のコンティグが大量に得られる傾向があるため，得られたコンティグを k–mer 頻度などに基づきさらにクラスタリングして，同一菌種ごとにコンティグを分類するビニングという解析もよく行われる[116]（図 **3.17**）。これらの各ステップにおいて，速度や精度においてより性能のよいソフトウェアを開発することはメタゲノム解析のバイオインフォマティクスにおいて重要な課題である。

メタゲノム解析によって，環境中にどのような遺伝子が存在しているのかを調べることが可能であるが，その遺伝子が本当にその環境で発現しているのかまでは調べることはできない。そのため，環境と遺伝子の関係をより積極的に結びつけるために，メタトランスクリプトーム解析がなされることがある。この方法では，環境サンプルから抽出した RNA 配列を RNA–seq 法によってシー

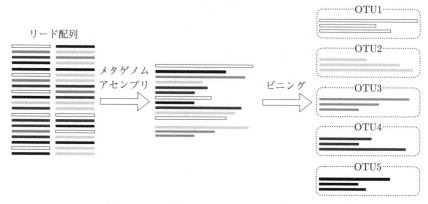

図 3.17 メタゲノムアセンブリおよびビニング

ケンスすることで，環境中で実際に発現している遺伝子を計測する。さらに直接的にタンパク質を調べるためには，環境サンプルから抽出したタンパク質に対して網羅的に質量分析を行うことで，実際に翻訳されているタンパク質を定量化するメタプロテオーム解析が行われることもある。

付　　　　録

表　バイオインフォマティクスを用いた生命科学研究で広く使われている
　　データベース一覧

データの種類	データベース名	概　　　略
高速シーケン サー	SRA	（NCBI 運営）高速シーケンサーから得られた生データの登録先，登録データのダウンロード環境を提供
	ENA	（EBI 運営）SRA・DRA と情報をミラーリングしているため，同じデータにアクセス可能
	DRA	（DDBJ 運営）SRA・ENA と情報をミラーリングしているため，同じデータにアクセス可能
ゲノムと遺伝子 アノテーション	Ensembl	（EBI 運営）さまざまな生物種のゲノム配列やアノテーション情報を網羅
	GenBank	（NCBI 運営）参照ゲノムや遺伝子の配列を収録
	RefSeq	（NCBI 運営）ゲノム・遺伝子・タンパク質の参照配列を網羅
	GENCODE	ヒトとマウスの正確な遺伝子アノテーション情報を収録（ENCODE プロジェクトから派生）
	UCSC genome browser	参照ゲノム配列とさまざまなオミクスデータを組み合わせて Web 上で閲覧
	GOLD	さまざまな生物種のゲノム配列決定プロジェクトやメタゲノムデータを網羅

（表続く）

表　(続き–1)

データの種類	データベース名	概　　略
リピート配列	RepBase	真核生物のゲノム配列中に存在する反復配列を検出・分類
	Dfam	ゲノム中の反復配列を検出・階層的な分類
エピゲノム	ChIP-Atlas	SRA/ENA/DRA に登録されている ChIP–seq データを網羅的に解析・統合
RNA	Rfam	(EBI 運営) 非コード RNA の塩基配列に基づいてファミリーに分類
	miRBase	miRNA の前駆体・遺伝子・発現情報などを収録
	RNAcentral	(EBI 運営) 40 種類を超える非コード RNA のデータベースのコレクション
	GtRNAdb	ゲノム中の tRNA 遺伝子を高い精度で予測し収録
RNA 修飾	MODOMICS	さまざまな種類の RNA 修飾と修飾を受ける非コード RNA を収録
遺伝子発現	Expression Atlas	(EBI 運営) さまざまな実験条件での RNA とタンパク質の発現量のデータを収録
	GEO	(NCBI 運営) RNA–seq とマイクロアレイによる遺伝子発現データを収録
タンパク質配列	UniProt	タンパク質のアミノ酸配列や機能などのさまざまな情報を網羅
	Pfam	(EBI 運営) タンパク質のアミノ酸配列に基づいてファミリーに分類
タンパク質相互作用	STRING	タンパク質–タンパク質相互作用の実験や予測・文献データを統合
	BioGRID	タンパク質や化合物の相互作用とその実験的裏づけを網羅
タンパク質の翻訳後修飾	PhosphoSitePlus	リン酸化・ユビキチン化・アセチル化などの翻訳後修飾を受けるタンパク質情報を網羅
(塩基配列, 相互作用, 局在など)	Human Protein Atlas	細胞・組織・器官レベルでタンパク質の発現・局在の実験データを網羅

(表続く)

表　（続き-2）

データの種類	データベース名	概　　　略
立体構造	RCSB PDB	（アメリカで運営）生体分子の立体構造データを収録
	PDBe	（EBI 運営）RCSB PDB・PDBj とミラーリングして同じ立体構造データを提供
	PDBj	（大阪大学蛋白質研究所運営）RCSB PDB・PDBe とミラーリングして同じデータを提供
	NDB	核酸（DNA と RNA）の立体構造の収録に特化し，独自の塩基対などの解析結果を提供
	AlphaFold DB	（DeepMind 社・EBI が運営）AlphaFold を用いてアミノ酸配列から予測されたタンパク質立体構造データを提供
微生物	BacDive	微生物の系統情報と表現型情報（形態や培養条件など）を網羅したデータベース
	SILVA	真核生物を含めた全生物の rRNA 配列を収録。人手によるキュレーションがなされている。
進化	GTDB	ゲノム情報に基づく微生物の系統分類データベース
パスウェイ	KEGG	Kyoto Encyclopedia of Genes and Genomes の略。代謝やシグナル伝達などのパスウェイ情報に関する知識ベースを中心として，遺伝子情報や化合物情報，ゲノム情報や疾患情報などが統合されたデータベース

（表終わり）

引用・参考文献

記載されている URL は，2022 年 1 月確認。

1) J. Kyte and R. F. Doolittle：A simple method for displaying the hydropathic character of a protein, J. Mol. Biol., **157**, 1, pp. 105–132 (1982)

2) F. H. Crick：On protein synthesis, Symp. Soc. Exp. Biol., 12, pp. 138–163 (1958)

3) T. Uzawa et al.：Polypeptide synthesis directed by DNA as a messenger in cell-free polypeptide synthesis by extreme thermophiles, *Thermus thermophilus* HB27 and *Sulfolobus tokodaii* strain 7, J. Biochem., **131**, 6, pp. 849–853 (2002)

4) S. Uemura et al.：Real-time tRNA transit on single translating ribosomes at codon resolution, Nature, **464**, 7291, pp. 1012–1017 (2010)

5) D. R. Garalde et al.：Highly parallel direct RNA sequencing on an array of nanopores, Nat. Methods., **15**, 3, pp. 201–206 (2018)

6) Q. Yanzhe et al.：High-throughput, low-cost and rapid DNA sequencing using surface-coating techniques., Biorxiv, https://doi.org/10.1101/2020.12.10.418962

7) K. A. Wetterstrand：DNA Sequencing Costs: Data from the NHGRI genome sequencing program (GSP), http://www.genome.gov/sequencingcostsdata

8) A. F. Palazzo and E. S. Lee：Non-coding RNA: what is functional and what is junk?, Front. Genet., **6**, p. 2 (2015)

9) F. Mattiroli et al.：Structure of histone-based chromatin in Archaea, Science, **357**, 6351, pp. 609–612 (2017)

10) R. M. Sherman and S. L. Salzberg：Pan-genomics in the human genome era, Nat. Rev. Genet., **21**, 4, pp. 243–254 (2020)

11) T. R. Gregory：Synergy between sequence and size in large-scale genomics, Nat. Rev. Genet., **6**, 9, pp. 699–708 (2005)

12) K. H. Miga et al.：Telomere-to-telomere assembly of a complete human X chromosome, Nature, **585**, 7823, pp. 79–84 (2020)

13) S. Nurk et al. : The complete sequence of a human genome, Science, **376**, 6588, pp. 44–53 (2022)

14) M. Jinek et al. : A programmable dual-RNA-guided DNA endonuclease in adaptive bacterial immunity, Science, **337**, 6096, pp. 816–821 (2012)

15) Y. Ishino et al. : Nucleotide sequence of the iap gene, responsible for alkaline phosphatase isozyme conversion in *Escherichia coli*, and identification of the gene product, J. Bacteriol., **169**, 12, pp. 5429–5433 (1987)

16) Y. Naito et al. : CRISPRdirect: software for designing CRISPR/Cas guide RNA with reduced off-target sites, Bioinformatics, **31**, 7, pp. 1120–1123 (2015)

17) O. O. Abudayyeh et al. : RNA targeting with CRISPR-Cas13, Nature, **550**, 7675, pp. 280–284 (2017)

18) K. Takahashi and S. Yamanaka : Induction of pluripotent stem cells from mouse embryonic and adult fibroblast cultures by defined factors, Cell, **126**, 4, pp. 663–676 (2006)

19) P. J. Park : ChIP-seq: advantages and challenges of a maturing technology, Nat. Rev. Genet., **10**, 10, pp. 669–680 (2009)

20) N. Gekakis et al. : Role of the CLOCK protein in the mammalian circadian mechanism, Science, **280**, 5369, pp. 1564–1569 (1998)

21) T. L. Bailey et al. : MEME SUITE: tools for motif discovery and searching, Nucleic. Acids. Res., **37**, Web Server issue, pp. W202–208 (2009)

22) J. R. Dixon et al. : Topological domains in mammalian genomes identified by analysis of chromatin interactions, Nature, **485**, 7398, pp. 376–380 (2012)

23) J. M. Belton et al. : Hi-C: a comprehensive technique to capture the conformation of genomes, Methods, **58**, 3, pp. 268–276 (2012)

24) J. D. Buenrostro et al. : ATAC-seq: A method for assaying chromatin accessibility genome-wide, Curr. Protoc. Mol. Biol., **109**, pp. 1–21 (2015)

25) T. Jenuwein and C. D. Allis : Translating the histone code, Science, **293**, 5532, pp. 1074–1080 (2001)

26) J. Ernst and M. Kellis : ChromHMM: automating chromatin-state discovery and characterization, Nat. Methods., **9**, 3, pp. 215–216 (2012)

27) L. D. Moore et al. : DNA methylation and its basic function, Neuropsychopharmacology, **38**, 1, pp. 23–38 (2013)

28) M. Long et al. : A novel histone H4 variant H4G regulates rDNA transcrip-

tion in breast cancer, Nucleic. Acids. Res., **47**, 16, pp. 8399–8409 (2019)

29) F. Miura et al. : Amplification-free whole-genome bisulfite sequencing by post-bisulfite adaptor tagging, Nucleic. Acids. Res., **40**, 17, p. e136 (2012)

30) M. C. Frith et al. : A mostly traditional approach improves alignment of bisulfite-converted DNA, Nucleic. Acids. Res., **40**, 13, p. e100 (2012)

31) Y. Saito et al. : Bisulfighter: accurate detection of methylated cytosines and differentially methylated regions, Nucleic. Acids. Res., **42**, 6, p. e45 (2014)

32) https://www.ensembl.org

33) C. C. Hon et al. : An atlas of human long non-coding RNAs with accurate 5′ ends, Nature, **543**, 7644, pp. 199–204 (2017)

34) I. Dunham et al. : An integrated encyclopedia of DNA elements in the human genome, Nature, **489**, 7414, pp. 57–74 (2012)

35) A. Kozomara et al. : miRBase: from microRNA sequences to function, Nucleic. Acids. Res., **47**, D1, pp. D155–D162 (2019)

36) S. Gerstberger et al. : A census of human RNA-binding proteins, Nat. Rev. Genet., **15**, 12, pp. 829–845 (2014)

37) P. Boccaletto et al. : MODOMICS: a database of RNA modification pathways. 2017 update, Nucleic. Acids. Res., **46**, D1, pp. D303–D307 (2018)

38) K. D. Meyer and S. R. Jaffrey : The dynamic epitranscriptome: N6-methyladenosine and gene expression control, Nat. Rev. Mol. Cell. Biol., **15**, 5, pp. 313–326 (2014)

39) K. Nishikura : A-to-I editing of coding and non-coding RNAs by ADARs, Nat. Rev. Mol. Cell. Biol., **17**, 2, pp. 83–96 (2016)

40) M. Takenaka et al. : RNA editing in plants and its evolution, Annu. Rev. Genet., **47**, pp. 335–352 (2013)

41) D. Wiener and S. Schwartz : The epitranscriptome beyond m6A, Nat. Rev. Genet., **22**, 2, pp. 119–131 (2021)

42) N. Perdigão et al. : Unexpected features of the dark proteome, Proc. Natl. Acad. Sci. U S A, **112**, 52, pp. 15898–15903 (2015)

43) 白木賢太郎：相分離生物学, 東京化学同人 (2019)

44) P. J. Thul et al. : A subcellular map of the human proteome, Science, **356**, 6340 (2017)

45) http://www.proteinatlas.org

46) P. Horton et al. : WoLF PSORT: protein localization predictor, Nucleic acids

research, **35**, suppl_2, pp. W585–W587 (2007)

47) K. Nishikawa：Natively unfolded proteins: An overview, Biophysics, **5**, pp. 53–58 (2009)

48) https://iubmb.qmul.ac.uk/

49) J. Navarro Gonzalez et al.：The UCSC Genome Browser database: 2021 update, Nucleic. Acids. Res., **49**, D1, pp. D1046–D1057 (2021)

50) H. Matsumoto et al.：SCODE: an efficient regulatory network inference algorithm from single-cell RNA-Seq during differentiation, Bioinformatics, **33**, 15, pp. 2314–2321 (2017)

51) M. Banf and S. Y. Rhee：Computational inference of gene regulatory networks: Approaches, limitations and opportunities, Biochim. Biophys. Acta. Gene. Regul. Mech, **1860**, 1, pp. 41–52 (2017)

52) K. Yugi et al.：Trans-Omics: How to reconstruct biochemical networks across multiple 'Omic' layers, Trends. Biotechnol., **34**, 4, pp. 276–290 (2016)

53) A. L. Barabási：Scale-free networks: a decade and beyond, Science, **325**, 5939, pp. 412–413 (2009)

54) A. D. Broido and A. Clauset：Scale-free networks are rare., Nat. Commun., **10**, 1, p. 1017 (2019)

55) Gene Ontology Consortium：The Gene Ontology Resource: 20 years and still GOing strong, Nucleic. Acids. Res., **47**, D1, pp. D330–D338 (2019)

56) S. Vercruysse et al.：OLSVis: an animated, interactive visual browser for bio-ontologies, BMC Bioinformatics, **13**, p. 116 (2012)

57) W. Walter et al.：GOplot: an R package for visually combining expression data with functional analysis, Bioinformatics, **31**, 17, pp. 2912–2914 (2015)

58) 藤 博幸 編：タンパク質の立体構造入門 — 基礎から構造バイオインフォマティクスへ—, 講談社 (2010)

59) P. W. K. Rothemund：Folding DNA to create nanoscale shapes and patterns, Nature, **440**, 7082, pp. 297–302 (2006)

60) I. Kalvari et al.：Rfam 13.0: shifting to a genome-centric resource for noncoding RNA families, Nucleic. Acids. Res., **46**, D1, pp. D335–D342 (2018)

61) J. B. Lucks et al.：Multiplexed RNA structure characterization with selective 2′-hydroxyl acylation analyzed by primer extension sequencing (SHAPE-Seq), Proc. Natl. Acad. Sci. U S A, **108**, 27, pp. 11063–11068 (2011)

62) M. Kertesz et al. : Genome-wide measurement of RNA secondary structure in yeast, Nature, **467**, 7311, pp. 103–107 (2010)

63) S. Rouskin et al. : Genome-wide probing of RNA structure reveals active unfolding of mRNA structures *in vivo*, Nature, **505**, 7485, pp. 701–705 (2014)

64) R. Lorenz et al. : Vienna RNA Package 2.0, Algorithms. Mol. Biol., 6, p. 26 (2011)

65) M. Hamada et al. : Prediction of RNA secondary structure using generalized centroid estimators, Bioinformatics, **25**, 4, pp. 465–473 (2009)

66) J. Jumper et al. : Highly accurate protein structure prediction with AlphaFold, Nature, **596**, 7873, pp. 583–589 (2021)

67) D. Silver et al. : Mastering the game of Go with deep neural networks and tree search, Nature, **529**, 7587, pp. 484–489 (2016)

68) https://chip-atlas.org/

69) S. Oki et al. : ChIP-Atlas: a data-mining suite powered by full integration of public ChIP-seq data, EMBO Rep., **19**, 12 (2018)

70) J. Zhao et al. : Genome-wide identification of polycomb-associated RNAs by RIP-seq, Mol. Cell., **40**, 6, pp. 939–953 (2010)

71) D. D. Licatalosi et al. : HITS-CLIP yields genome-wide insights into brain alternative RNA processing, Nature, **456**, 7221, pp. 464–469 (2008)

72) V. Ramani et al. : High-throughput determination of RNA structure by proximity ligation, Nat. Biotechnol., **33**, 9, pp. 980–984 (2015)

73) Z. Lu et al. : RNA duplex map in living cells reveals higher-order transcriptome structure, Cell, **165**, 5, pp. 1267–1279 (2016)

74) S. Fields and O. Song : A novel genetic system to detect protein-protein interactions, Nature, **340**, 6230, pp. 245–246 (1989)

75) B. A. Shoemaker and A. R. Panchenko : Deciphering protein-protein interactions. Part I, Experimental techniques and databases. PLoS. Comput. Biol., **3**, 3, p. e42 (2007)

76) K. L. Johnson et al. : Revealing protein-protein interactions at the transcriptome scale by sequencing, Mol. Cell., **81**, 19, pp. 4091–4103 (2021)

77) E. Heard and R. A. Martienssen : Transgenerational epigenetic inheritance: myths and mechanisms, Cell., **157**, 1, pp. 95–109 (2014)

78) E. V. Koonin and Y. I. Wolf : Just how Lamarckian is CRISPR-Cas immu-

nity: the continuum of evolvability mechanisms, Biol. Direct., **11**, 1, p. 9 (2016)

79) M. Florio et al.：Human-specific gene ARHGAP11B promotes basal progenitor amplification and neocortex expansion, Science, **347**, 6229, pp. 1465–1470 (2015)

80) E. V. Koonin：Orthologs, paralogs, and evolutionary genomics, Annu. Rev. Genet, **39**, pp. 309–338 (2005)

81) A. D'Hont et al.：The banana (*Musa acuminata*) genome and the evolution of monocotyledonous plants, Nature, **488**, 7410, pp. 213–217 (2012)

82) Y. Nakatani et al.：Reconstruction of the vertebrate ancestral genome reveals dynamic genome reorganization in early vertebrates, Genome. Res., **17**, 9, pp. 1254–1265 (2007)

83) J. Inoue et al.：Rapid genome reshaping by multiple-gene loss after whole-genome duplication in teleost fish suggested by mathematical modeling, Proc. Natl. Acad. Sci. U S A, **112**, 48, pp. 14918–14923 (2015)

84) G. J. Faulkner et al.：The regulated retrotransposon transcriptome of mammalian cells, Nat. Genet., **41**, 5, pp. 563–571 (2009)

85) M. G. Langille et al.：Detecting genomic islands using bioinformatics approaches, Nat. Rev. Microbiol., **8**, 5, pp. 373–382 (2010)

86) S. Yoshida et al.：A bacterium that degrades and assimilates poly(ethylene terephthalate), Science, **351**, 6278, pp. 1196–1199 (2016)

87) 森元良太, 田中泉吏：生物学の哲学入門, 勁草書房 (2016)

88) C. Jain et al.：High throughput ANI analysis of 90K prokaryotic genomes reveals clear species boundaries, Nat. Commun., **9**, 1, p. 5114 (2018)

89) E. Stackebrandt and M. G. Brett：Taxonomic note: a place for DNA-DNA reassociation and 16S rRNA sequence analysis in the present species definition in bacteriology., Int. J. Syst. Evol. Microbiol., **44**, 4, pp. 846–849 (1994)

90) S. Suzuki et al.：Unusual metabolic diversity of hyperalkaliphilic microbial communities associated with subterranean serpentinization at The Cedars, ISME J., **11**, 11, pp. 2584–2598 (2017)

91) T. Ishii et al.：From chemolithoautotrophs to electrolithoautotrophs: CO2 fixation by Fe(II)-oxidizing bacteria coupled with direct uptake of electrons from solid electron sources, Front Microbiol., **6**, p. 994 (2015)

92) N. Philippe et al. : Pandoraviruses: amoeba viruses with genomes up to 2.5 Mb reaching that of parasitic eukaryotes. Science, **341**, 6143, pp. 281–286 (2013)

93) B. La Scola et al. : A giant virus in amoebae, Science, **299**, 5615, p. 2033 (2003)

94) Z. Weinberg et al. : Detection of 224 candidate structured RNAs by comparative analysis of specific subsets of intergenic regions, Nucleic. Acids. Res., **45**, 18, pp. 10811–10823 (2017)

95) F. Gao and C. T. Zhang : Ori-Finder: a web-based system for finding oriCs in unannotated bacterial genomes, BMC Bioinformatics, **9**, p. 79 (2008)

96) J. J. Gordon et al. : Improved prediction of bacterial transcription start sites, Bioinformatics, **22**, 2, pp. 142–148 (2006)

97) P. Dam et al. : Operon prediction using both genome-specific and general genomic information, Nucleic. Acids. Res., **35**, 1, pp. 288–298 (2007)

98) X. Mao et al. : DOOR 2.0: presenting operons and their functions through dynamic and integrated views, Nucleic. Acids. Res., **42**, Database issue, pp. D654–D659 (2014)

99) T. Blumenthal : Operons in eukaryotes, Brief. Funct. Genomic. Proteomic., **3**, 3, pp. 199–211 (2004)

100) C. A. Hutchison et al. : Design and synthesis of a minimal bacterial genome, Science, **351**, 6280, p. aad6253 (2016)

101) Y. Tabach et al. : Identification of small RNA pathway genes using patterns of phylogenetic conservation and divergence, Nature, **493**, 7434, pp. 694–698 (2013)

102) M. Pellegrini et al. : Assigning protein functions by comparative genome analysis: protein phylogenetic profiles, Proc. Natl. Acad. Sci. U S A, **96**, 8, pp. 4285–4288 (1999)

103) H. Tettelin et al. : Comparative genomics: the bacterial pan-genome, Curr. Opin. Microbiol., **11**, 5, pp. 472–477 (2008)

104) Y. Kumagai et al. : Solar-panel and parasol strategies shape the proteorhodopsin distribution pattern in marine Flavobacteriia, ISME. J., **12**, 5, pp. 1329–1343 (2018)

105) J. C. Venter et al. : Environmental genome shotgun sequencing of the Sargasso Sea, Science, **304**, 5667, pp. 66–74 (2004)

106) A. Spang et al. : Complex archaea that bridge the gap between prokaryotes and eukaryotes, Nature, **521**, 7551, pp. 173–179 (2015)

107) K. Zaremba-Niedzwiedzka et al. : Asgard archaea illuminate the origin of eukaryotic cellular complexity, Nature, **541**, 7637, pp. 353–358 (2017)

108) O. Béja et al. : Proteorhodopsin phototrophy in the ocean, Nature, **411**, 6839, pp. 786–789 (2001)

109) The Integrative HMP (iHMP) Research Network Consortium : The Integrative Human Microbiome Project, Nature, **569**, 7758, pp. 641–648 (2019)

110) Q. Li and J. M. Zhou : The microbiota-gut-brain axis and its potential therapeutic role in autism spectrum disorder, Neuroscience, **324**, pp. 131–139 (2016)

111) S. Nishijima et al. : The gut microbiome of healthy Japanese and its microbial and functional uniqueness, DNA Res., **23**, 2, pp. 125–133 (2016)

112) B. J. Haas et al. : Chimeric 16S rRNA sequence formation and detection in Sanger and 454-pyrosequenced PCR amplicons, Genome Res., **21**, 3, pp. 494–504 (2011)

113) L. Fu et al. : CD-HIT: accelerated for clustering the next-generation sequencing data, Bioinformatics, **28**, 23, pp. 3150–3152 (2012)

114) T. Namiki et al. : MetaVelvet: an extension of Velvet assembler to de novo metagenome assembly from short sequence reads, Nucleic. Acids. Res., **40**, 20, p. e155 (2012)

115) H. Noguchi et al. : MetaGene: prokaryotic gene finding from environmental genome shotgun sequences, Nucleic. Acids. Res., **34**, 19, pp. 5623–5630 (2006)

116) Y. W. Wu et al. : MaxBin 2.0: an automated binning algorithm to recover genomes from multiple metagenomic datasets, Bioinformatics, **32**, 4, pp. 605–607 (2016)

索　　　　引

———— 監修者・著者略歴 ————

浜田　道昭（はまだ　みちあき）
2000年　東北大学理学部数学科卒業
2002年　東北大学大学院理学研究科修士課程修了（数学専攻）
2002年　株式会社富士総合研究所研究員
2009年　東京工業大学大学院総合理工学研究科博士後期課程（社会人博士）修了（知能システム科学
　　　　専攻），博士（理学）
2010年　東京大学特任准教授
2014年　早稲田大学准教授
2018年　早稲田大学教授
　　　　現在に至る

福永　津嵩（ふくなが　つかさ）
2011年　東京大学理学部生物情報科学科卒業
2013年　東京大学大学院新領域創成科学研究科修士課程修了（情報生命科学専攻）
2016年　東京大学大学院新領域創成科学研究科博士後期課程修了（メディカル情報生命専攻），
　　　　博士（科学）
2016年　日本学術振興会特別研究員（PD）
2017年　東京大学助教
2021年　早稲田大学講師
　　　　現在に至る

岩切　淳一（いわきり　じゅんいち）
2006年　宮崎大学工学部情報システム工学科卒業
2008年　宮崎大学大学院工学研究科修士課程修了（情報システム工学専攻）
2012年　宮崎大学大学院医学系研究科博士後期課程修了（医学専攻），博士（医学）
2012年　東京大学特任研究員
2018年　東京大学特任助教
2019年　東京大学助教
　　　　現在に至る

バイオインフォマティクスのための生命科学入門
An Introduction to Life Sciences for Bioinformatics
ⓒ Tsukasa Fukunaga, Junichi Iwakiri 2022

2022 年 8 月 3 日 初版第 1 刷発行

検印省略

監 修 者	浜 田 道 昭
著 者	福 永 津 嵩
	岩 切 淳 一
発 行 者	株式会社 コ ロ ナ 社
	代 表 者 牛 来 真 也
印 刷 所	三 美 印 刷 株 式 会 社
製 本 所	株式会社 グ リ ー ン

112–0011 東京都文京区千石 4–46–10
発 行 所 株式会社 コ ロ ナ 社
CORONA PUBLISHING CO., LTD.
Tokyo Japan
振替 00140–8–14844・電話 (03) 3941–3131 (代)
ホームページ https://www.coronasha.co.jp

ISBN 978–4–339–02731–0 C3355 Printed in Japan （新宅）

シリーズ 情報科学における確率モデル

(各巻A5判)

■編集委員長 土肥　正
■編集委員 栗田多喜夫・岡村寛之

定価は本体価格+税です。
定価は変更されることがありますのでご了承下さい。

図書目録進呈◆

バイオテクノロジー教科書シリーズ

(各巻A5判, 欠番は未発行です)

■編集委員長　太田隆久
■編集委員　相澤益男・田中渥夫・別府輝彦

定価は本体価格+税です。
定価は変更されることがありますのでご了承下さい。

図書目録進呈◆

バイオインフォマティクスシリーズ

（各巻A5判）

■監修　浜田　道昭

定価は本体価格＋税です。
定価は変更されることがありますのでご了承下さい。

図書目録進呈◆